Mario Maïr Cohen

Equations différentiellles II. Les E.D.P de la physique

Mario Maïr Cohen

Equations différentiellles II. Les E.D.P de la physique

Problèmes de valeurs aux limites et séries de Fourier.
Équations aux dérivées partielles de la physique

Presses Académiques Francophones

Impressum / Mentions légales

Bibliografische Information der Deutschen Nationalbibliothek: Die Deutsche Nationalbibliothek verzeichnet diese Publikation in der Deutschen Nationalbibliografie; detaillierte bibliografische Daten sind im Internet über http://dnb.d-nb.de abrufbar.

Alle in diesem Buch genannten Marken und Produktnamen unterliegen warenzeichen-, marken- oder patentrechtlichem Schutz bzw. sind Warenzeichen oder eingetragene Warenzeichen der jeweiligen Inhaber. Die Wiedergabe von Marken, Produktnamen, Gebrauchsnamen, Handelsnamen, Warenbezeichnungen u.s.w. in diesem Werk berechtigt auch ohne besondere Kennzeichnung nicht zu der Annahme, dass solche Namen im Sinne der Warenzeichen- und Markenschutzgesetzgebung als frei zu betrachten wären und daher von jedermann benutzt werden dürften.

Information bibliographique publiée par la Deutsche Nationalbibliothek: La Deutsche Nationalbibliothek inscrit cette publication à la Deutsche Nationalbibliografie; des données bibliographiques détaillées sont disponibles sur internet à l'adresse http://dnb.d-nb.de.

Toutes marques et noms de produits mentionnés dans ce livre demeurent sous la protection des marques, des marques déposées et des brevets, et sont des marques ou des marques déposées de leurs détenteurs respectifs. L'utilisation des marques, noms de produits, noms communs, noms commerciaux, descriptions de produits, etc, même sans qu'ils soient mentionnés de façon particulière dans ce livre ne signifie en aucune façon que ces noms peuvent être utilisés sans restriction à l'égard de la législation pour la protection des marques et des marques déposées et pourraient donc être utilisés par quiconque.

Coverbild / Photo de couverture: www.ingimage.com

Verlag / Editeur:
Presses Académiques Francophones
ist ein Imprint der / est une marque déposée de
OmniScriptum GmbH & Co. KG
Heinrich-Böcking-Str. 6-8, 66121 Saarbrücken, Deutschland / Allemagne
Email: info@presses-academiques.com

Herstellung: siehe letzte Seite /
Impression: voir la dernière page
ISBN: 978-3-8416-2630-1

Copyright / Droit d'auteur © 2013 OmniScriptum GmbH & Co. KG
Alle Rechte vorbehalten. / Tous droits réservés. Saarbrücken 2013

Équations différentielles II.

Équations aux dérivées partielles de la physique

Mario MAIR COHEN
10/1/2013

Séries de puissances, Méthode de Frobenius, problèmes de valeurs aux limites et séries de Fourier. Application à la résolution des équations de physique aux dérivées partielles. Version révisée.

Du même Auteur :

« Cours, Nombres complexes, isométries et similitudes du Plan. » Edition I.L.V (2012).

« Théorie des équations différentielles ordinaires avec transformées de Laplace. » P. A. F. (2013).

Équations différentielles II.

Table des Matières.

PRÉFACE. _____ *14*

Chapitre 1. Solution en séries de puissances des équations différentielles autour d'un point ordinaire. _____ *18*

A) Introduction _____ 18

B) Révision séries de Taylor. _____ 20

II) Résolution par série des puissances autour des points ordinaires. _____ 22

Problème # 1. _____ 23

Problème #2. _____ 25

Problème #3. _____ 27

Problème #4. _____ 28

Problème #5. _____29

Problème #6. Résolution d'une équation différentielle du second ordre non homogène. _____31

III) Équation d'Euler. _____32

Exercices de fin de chapitre. _____36

Corrigé des exercices de fin de chapitre. _____37

Chapitre 2. Résolution des équations différentielles autour des points singuliersréguliers. Méthode de Frobenius. _____42

A) Introduction. _____42

I) Point singulier régulier. _____43

II) Théorèmes sur la solution générale de la méthode de Frobenius. _____44

A) Théorème 1: Existence d'une solution _____44

B) Théorème 2 : obtention d'une seconde solution linéairement indépendante. 45

1-Si $\lambda 1 - \lambda 2$ n'est pas un entier positif ($\lambda 1 > \lambda 2$), _____45

2-Si $\lambda 1 = \lambda 2$ _____45

3-Si $\lambda 1 - \lambda 2$ est un entier positif ($\lambda 1 > \lambda 2$), _____45

Problème 1. _____45

Équation indicielle. _____47

Problème 2. _____ 48

Problème 3. _____ 49

Problème 4. _____ 51

Problème 5. _____ 52

Problème 6. _____ 54

Exercices de fin de chapitre. _____ 55

Corrigé des exercices de fin de chapitre. _____ 57

Chapitre 3. Problème des valeurs aux limites. _____ 65

I) Problème de valeurs aux limites (P.V.L). _____ 65

II) valeurs propres et fonctions propres. _____ 67

Exemple 1: _____ 67

Exemple 2 _____ 68

III) Théorème: Solution du P.V.L donné par : _____ 70

A) $y'' + \lambda y = 0$ $\lambda > 0$ constante et avec une des conditions aux limites 70

1) $y(0) = 0$ $y(L) = 0$. _____ 70

2) $y'(0) = 0$ $y(L) = 0$. _____ 70

3) $y(0) = 0$ $y'(L) = 0$. _____ 70

4) $y'(0) = 0$ $y'(L) = 0$. Avec L>0. _____ 70

Démonstration. _____ 71

$\boldsymbol{\lambda}$<0. _____ 71

$\lambda = 0$. _____ 72

$\lambda > 0$. _____ 72

Exemple 3. _____ 74

Exemple 4. _____ 74

Exemple 5. _____ 74

Exemple 6. P.V.L avec valeur aux limites non homogènes. _____ 75

Exemple 7. P.V.L avec équation du second ordre différente de _____ 76

$y'' + \lambda y = 0$. _____ 76

V) les séries de Fourier. _____ 77

1) fonctions périodiques, fonctions paires, impaires et fonctions trigonométriques. 77

2) Fonctions orthogonales. _____ 78

3) Lemme sur l'orthogonalité des fonctions trigonométriques. _____ 79

4) Résumé. _____ 81

5) Définition : Série de Fourier d'une fonction périodique. _____ 82

Exemple 1. _____ 85

Exemple 2. _____ 86

Exemple 3. _____ 86

Exemple 4. _____ 89

Exemple 5. _____ 89

Exemple 6. _____ 92

Exemple 7. _____ 93

Exemple 8 _____ 95

6) Limites et convergence de la série de Fourier. Conditions de Dirichlet. _98

7) Identité de Parseval. _____ 99

8) Fonction sinus de Fourier et fonction cosinus de Fourier sur un intervalle d'une demi-période. _____ 100

Définition 1: _____ 100

Définition 2: _____ 100

Exemple 1. _____ 100

Exemple 2. _____ 102

Exemple 3 _____ 103

Exercices de fin de chapitre. _____ *105*

I) Problèmes des valeurs aux imites. _____ 105

II) Séries de Fourier. _____ 105

Corrigé des exercices de fin de chapitre. _____ *107*

I) Problèmes des valeurs aux limites. _____ 107

II) Séries de Fourier. _____ 108

Chapitre 4. Équations aux dérivées partielles (E.D.P). _____ *115*

Équations linéaires aux dérivées partielles. _____ 115

I) Résolution des équations linéaires aux dérivées partielles à coefficients constants. _____ 116

Exemple 1. _____ 116

Exemple 2. _____ 117

Exemple 3 _____ 117

II) Résolutions des E.D.P. par intégration directe. _____ 118

Exemple 1. _____ 118

Exemple 2. _____ 119

Exemple 3. _____ 119

Exemple 4. _____ 120

Exemple 5. _____ 120

Exemple 6. _____ 121

III) Résolutions des E.D.P. par la méthode de séparation de variable. ___ 121

IV) Exemples d'application de la méthode. _____ 123

Exemple 1 : _____ 123

Exemple 2. _____ 123

Exemple 3. _____ 124

Exemple 4. _____ 125

Exemple 5. _____ 126

V) Résumé sur la méthode de séparation de variables. _____ 127

VI) Résolution des équations aux dérivées partielles de la Physique. ____ 129

I- Équation de la chaleur. _____ 129

A-Contexte mathématique. _____ 129

B-Résolution de l'équation de la chaleur avec différentes conditions aux limites. 132

Conditions aux limites prescrites de Dirichlet _____ 132

Problème 1. _____ 132

Problème 2. _____ 133

Problème 3. _____ 134

Conditions aux limites de Newman sur le flux. _____ 135

Problème 4. _____ 135

Conditions aux limites périodiques. _____ 136

Problème 5. _____ 136

II) Équation des ondes, problème de la corde vibrante._____ 139

A-Contexte mathématique. _____ 139

Cette équation décrit le mouvement des points d'une corde tendue horizontalement entre deux points $x=0$ et $x=L$ _____ 139

B-Résolution de l'équation de la corde vibrante avec deux conditions initiales et deux conditions aux limites prescrites. _____ 140

Problème 1. _____ 140

Problème 2. _____ 142

III) Équation de Laplace. _____ 144

A-Contexte mathématique. _____ 144

B-Résolution de l'équation de Laplace sur un carré : Conditions de Dirichlet.144

C- Expression en coordonnées polaires de l'équation de Laplace. _____ 153

Problème : Résolution de l'équation de Laplace sur un disque. _____ 156

IV) Équation de Poisson._____ 158

Solution particulière de l'équation de Poisson, par double intégrale de Fourier.158

Exercices de fin de chapitre. _____ *160*

Corrigés des exercices de fin de chapitre. _____ *162*

Chapitre 5. Résolution des E.D.P. par les transformées de Laplace. _____*170*

Rappels essentiels sur les transformées de Laplace._____170

Tableau des transformées de Laplace des fonctions courantes._____173

Transformées de Laplace supplémentaires._____173

Organigramme de résolution par les transformées de Laplace._____175

Problème 1. Rappel : Résolution d'une équation différentielle ordinaire par les transformée de Laplace. _____176

Problème 2-_____179

Problème 3-_____180

Problème 4-_____180

Problème 5-_____181

Problème 6-_____182

Problème 7-_____182

Problème 8-_____183

Exercices de fin de chapitre. _____185

Corrigés des exercices de fin de chapitre. _____*186*

PRÉFACE.

J'ai écrit ce livre avec la préoccupation réelle, de couvrir en détail les méthodes de résolution des équations différentielles ordinaires (E.D.O.) et aux dérivées partielles (E.D.P.) les plus utilisées dans la communauté scientifique.

Les deux premiers chapitres complémentent les méthodes appliquées aux E.D.O. et que j'ai développées dans les cinq chapitres de : « Théorie des équations différentielles ordinaires avec transformées de Laplace. » P.A.F. 2013. Ils traitent de la résolution des E.D.O. par séries de puissances autour de points ordinaires admettant dans leur voisinage des séries de Taylor. En plus, la méthode de Frobenius pour trouver des solutions aux équations différentielles ordinaires autour des singularités régulières est également étudiée. Le reste du livre traite des équations aux dérivées partielles et des équations de la physique.

Les techniques touchant les E.D.P. sont d'une variété et d'une richesse très étendues. Bien que je me sois restreint aux méthodes les plus utilisées, j'ai décrit le plus complètement possible l'éventail de connaissances disponibles et des techniques employées. Mon but étant de former des praticiens, il en résulte que je me suis contenté de citer sans démonstration les théorèmes d'existence sur les E.D.P. pour focaliser le développement du texte sur les techniques et schémas de résolution.

Au chapitre 3, j'introduis le lecteur aux problèmes de valeurs aux limites pour une équation différentielle et à l'étude essentielle des séries de Fourier sur une période, ainsi qu'aux fonctions orthogonales, aux séries sinus de Fourier et cosinus de Fourier définies sur une demi-période et de leur convergence. Étude qui et soigneusement et abondamment détaillée car les concepts qui y sont traités, ont une importance capitale, dans l'utilisation de la méthode la plus utilisé de résolution des E.D.P. celle de la séparation de variables.

Au chapitre 4. On montre comment résoudre des E.D.P. d'abord par des méthodes secondaires comme la résolution des équations linéaires aux dérivées partielles à coefficients constants ou la méthode d'intégration directe. La méthode principale de la séparation de variables et des séries de Fourier pour un problème d'E.D.P. aux conditions limites homogènes et avec une ou des conditions initiales, est appliquée à beaucoup d'exemples et elle est utilisée plus loin dans le chapitre pour résoudre les équations aux dérivées partielles de la physique. Je présente dans cette partie, les équations classiques de physique en explicitant leur contexte mathématique. Je résous l'équation de la chaleur avec les conditions aux limites homogènes les plus connues : Celles de Dirichlet, du flux de chaleur, de refroidissement de Newman et les conditions périodiques. Je montre la résolution de l'équation de la corde vibrante (équation d'onde). Cette équation ayant toujours deux conditions aux limites homogènes et deux conditions initiales. L'étude des plus importantes certainement, des équations de la physique soit l'équation de Laplace et l'équation de Poisson, très utilisées en thermodynamique et électrostatique complète ce chapitre: L'équation de Laplace est appliquée à la résolution sur un carré connaissant les valeurs de la solution u(x, y) sur les côtés du carré. Je démontre ensuite l'expression polaire de cette équation, que j'utilise pour traiter le deuxième problème celui de trouver une solution sur un cercle. Enfin, l'équation de Poisson est résolue dans le contexte des valeurs aux limites de Dirichlet. Au dernier chapitre je décris la seconde méthode de résolution par les transformées de Laplace. Je montre encore une fois l'utilité des transformées de Laplace, en les appliquant comme pour les E.D.O. à la résolution des E.D.P. évolutives paraboliques ou elliptiques, à coefficients constants. Je donne la définition de la transformée de Laplace pour une fonction à deux variables u(x, y) et démontre comment en appliquant la T.L. à une E.D.P. évolutive à coefficients constants on obtient un E.D.O. du premier ordre linéaire ou du deuxième ordre à coefficients constants de paramètre s. On résout ensuite cette équation pour trouver la solution transformée et on applique à la solution ainsi obtenue la transformée inverse de Laplace pour avoir la solution de l'E.D.P.

Ce livre s'adresse en définitive, tant aux spécialistes qu'aux étudiants de licence ou maîtrise en mathématiques qui trouveront un recueil des pratiques et procédures dans la recherche des solutions aux problèmes qui présentent des équations différentielles de n'importe quel type. J'espère qu'il puisse aider à la formation des praticiens et à la modélisation du calcul différentiel.

Chapitre1. Solution en séries de puissances des équations différentielles autour d'un point ordinaire.

A) Introduction

Dans ce chapitre nous montrerons comment trouver les solutions d'équations différentielles à coefficients non constants par séries de puissance.

Bien que nous nous limitions à l'ordre deux, la méthode pourra être généralisée aux équations d'ordre n supérieur à deux.

Une série de puissance est une fonction de la forme:

$f(x) = \sum_{n=0}^{\infty} a_n(x - x_0)^n$ Où x_0 et a_n sont des nombres. On dira qu'une série de puissance converge et a un rayon de convergence $\rho > 0$ *si la série converge lorsque* $|(x - x_0)| \leq \rho$ et diverge pour $|(x - x_{0)}| > \rho$. On peut utiliser le test du rapport pour trouver la région de convergence d'une série de puissance

Test du rapport: Soit une série de puissance

$$f(x) = \sum_{n=0}^{\infty} a_n(x - x_0)^n, et\ L = |(x - x_0)| \lim_{n \to \infty} \left|\frac{a_{n+1}}{a_n}\right|.$$

Si $L < 1$ la série converge et diverge pour L> 1. Pour L=1 la série peut ou ne pas converger. Par exemple soit à déterminer le rayon de convergence de : $\sum_{n=0}^{\infty} \frac{(-3)^n}{n7^n}(x-5)^n$ On a $a_n = \frac{(-3)^n}{n7^n}$ et $a_{n+1} = \frac{(-3)^{n+1}}{(n+1)7^{n+1}}$.

$L = |(x-5)| \lim_{n \to \infty} \left|\frac{a_{n+1}}{a_n}\right| = |(x-5)| \lim_{n \to \infty} \left|\frac{(-3)n}{7(n+1)}\right| = \frac{3}{7}|x-5|$. On déduit que cette série converge pour $\frac{3}{7}|x-5| < 1\ ou\ |x-5| < \frac{7}{3}$. Le rayon de convergence est $\rho = \frac{7}{3}$.

Remarques. Pour obtenir une solution en série d'une équation différentielle en un point il faut que la série converge en ce point.

On additionne et on soustrait les séries de puissance terme à terme : $\sum_{n=0}^{\infty} a_n (x - x_0)^n \pm \sum_{n=0}^{\infty} b_n (x - x_0)^n = \sum_{n=0}^{\infty} (a_n \pm b_n)(x - x_0)^n$.

Voici quelques manipulations sur les séries qui nous seront utiles:

$(x - x_0)^c \sum_{n=0}^{\infty} a_n (x - x_0)^n = \sum_{n=0}^{\infty} a_n (x - x_0)^{n+c}$.

Si $f(x) = \sum_{n=0}^{\infty} a_n (x - x_0)^n$ $f'(x) = \sum_{n=1}^{\infty} n a_n (x - x_0)^{n-1}$ et

$f''(x) = \sum_{n=1}^{\infty} n(n-1) a_n (x - x_0)^{n-2}$. La serie en puissance de la dérivée d'ordre n sera donnée par :

$f^{(p)}(x) = \sum_{n=1}^{\infty} n(n-1)(n-2)..(n-p+1) a_n (x - x_0)^{n-p}$.

On peut aussi utiliser le transfert d'indice pour écrire une série en termes de $(x - x_0)^n$. Par exemple, réécrire $\sum_{n=3}^{\infty} n^2 a_{n-1} (x - x_0)^{n+2}$ faisant débuter la série en n=0 plutôt que n=3.

La façon la plus simple d'opérer est de remplacer n par n+3 on obtient ainsi:

$\sum_{n=3}^{\infty} n^2 a_{n-1} (x - x_0)^{n+2} = \sum_{n=0}^{\infty} (n+3)^2 a_{n+2} (x - x_0)^{n+5}$.

Autre exemple de transfert d'indice réécrire $\sum_{n=3}^{\infty} n a_{n-1} (x + 4)^{n+2}$ en débutant la série à 5. On fait débuter l'indice n à 5 et on diminue chaque occurrence de n de 2.

$\sum_{n=3}^{\infty} na_{n-1}(x+4)^{n+2} = \sum_{n=5}^{\infty}(n-2)a_{n-3}(x+4)^n$.

Nous utiliserons cette technique si l'exposant de la série originale est différent de n. Écrire la série $(x+2)^2 \sum_{n=3}^{\infty} na_n(x+2)^{n-4} - \sum_{n=1}^{\infty} na_n(x+2)^{n+1}$, en rendant les exposants égaux à n : Nous avons

$(x+2)^2 \sum_{n=3}^{\infty} na_n(x+2)^{n-4} - \sum_{n=3}^{\infty} na_n(x+2)^{n-2}$. Pour la première série

$\sum_{n=3}^{\infty} na_n(x+2)^{n-2} = \sum_{n=1}^{\infty}(n+2)a_{n+2}(x+2)^n$. Pour l'autre série on a aussi $\sum_{n=1}^{\infty} na_n(x+2)^{n+1} = \sum_{n=2}^{\infty}(n-1)a_{n-1}(x+2)^n$. On obtient donc :

$(x+2)^2 \sum_{n=3}^{\infty} na_n(x+2)^{n-4} - \sum_{n=1}^{\infty} na_n(x+2)^{n+1} = \sum_{n=1}^{\infty}(n+2)a_{n+2}(x+2)^n - \sum_{n=2}^{\infty}(n-1)a_{n-1}(x+2)^n$. Comme pour n=1 on a (n-1)=0 on peut débuter la deuxième série par n=1 au lieu de n=2 d'où on a pour le problème donné

$(x+2)^2 \sum_{n=3}^{\infty} na_n(x+2)^{n-4} - \sum_{n=1}^{\infty} na_n(x+2)^{n+1} = \sum_{n=1}^{\infty}(n+2)a_{n+2}(x+2)^n - \sum_{n=1}^{\infty}(n-1)a_{n-1}(x+2)^n = \sum_{n=1}^{\infty}[(n+2)a_{n+2} - (n-1)a_{n-1}](x+2)^n$. Faisons une dernière remarque avant d'aborder la section suivante.

Si $\sum_{n=0}^{\infty} a_n(x-x_0)^n = 0$. Alors on a identiquement $a_n = 0$ n=1,2,3....Nous utiliserons ce fait souvent dans la méthode de résolution par série de puissances.

B) Révision séries de Taylor.

Nous rappelons que si $f(x)$ est une fonction réelle et continue en x_0 et analytique (différentiable autant de fois que l'on veut en x_0 alors f(x) a une une série de Taylor autour de x_0 qui est donnée par :

$f(x) = \sum_{n=0}^{\infty} \frac{f^{(n)}(x_0)}{n!}(x-x_0)^n$ Et la série converge uniformément sur $|(x-x_0)| < \rho$ et diverge pour $|(x-x_0)| > \rho$.

ρ étant le rayon de convergence de la série de Taylor.

Voici quelques séries de Taylor que vous connaissez surement:

1) $e^x = 1 + \frac{x}{1!} + \frac{x^2}{2!} + \frac{x^3}{3!} + \cdots$, $-\infty < x < \infty$ qui est la série de Taylor de la fonction exponentielle autour de 0. La série de Taylor de e^x autour de $x = -4$ est donc $e^x = \sum_{n=0}^{\infty} \frac{e^{-4}}{n!}(x+4)^n$ car $f^{(n)}(-4) = e^{-4}$ $n \geq 0$.

Série de Taylor de cos(x) autour de 0.

$\cos(x) = \sum_{n=0}^{\infty} \frac{(-1)^n}{2n!} x^{2n}$.

En intégrant cette série terme à terme nous obtenons la série de Taylor de sin(x) autour de 0. $\sin(x) = \sum_{n=0}^{\infty} \frac{(-1)^n}{2n+1!} x^{2n+1}$.

Les séries géométriques de premier terme a_0 et de raison p convergent vers la somme $\sum_{n=0}^{\infty} a_n p^n \to \frac{a_0}{(1-p)}$ quand $|p| < 1$ et divergent pour $|p| > 1$. Par exemple $\frac{1}{1-2x} = 1 - 2x + 4x^2 - 8x^3 + \cdots$ Converge pour $|x| < \frac{1}{2}$.

On a aussi $\log(1+x) = \int(1 - x + x^2 - x^3 + \ldots) = x - \frac{x^2}{2} + \frac{x^3}{3} - \frac{x^4}{4} + \ldots$

Qui converge pour $|x| < 1$. Une autre série utile est l'expression de $(1+x)^n$ n∈ Q

$$(1+x)^n = 1 + nx + \frac{n(n-1)}{2!}x^2 + \frac{n(n-1)(n-2)}{3!}x^3 + \ldots \frac{n(n-1)(n-2)\ldots(n-p+1)}{p!}x^p + \ldots$$

Qui converge pour $|x| < 1$. Il résulte donc que la série de Taylor de $\sqrt[2]{(1+x)}$ autour de 0 est $\sqrt{1+x} = 1 + \frac{1}{2}x + \frac{1}{2}\cdot\left(-\frac{1}{2}\right)\frac{x^2}{2} + \frac{1}{2}\cdot\left(-\frac{1}{2}\right)\left(-\frac{3}{2}\right)\frac{x^3}{6}\ldots$

$\sqrt{1+x} = 1 + \frac{1}{2}x - \frac{1}{8}x^2 + \frac{1}{16}x^3 + \ldots$ qui converge pour $-1 < x < 1$.

Nous aurons besoin quelquefois d'identifier les fonctions solutions aux équations différentielles que nous allons résoudre dans la section suivante. Nous abordons donc le contenu principal du chapitre.

II) Résolution par série des puissances autour des points ordinaires.

Avant de trouver des solutions pour l'équation différentielle à coefficients variables du second ordre donnée par:

$p(x)y'' + q(x)y' + r(x)y = 0$ (1)

où $y(x)$ est une fonction continue de x et les $p(x), q(x)$ et $r(x)$ seront la plupart du temps des polynômes en x nous devons définir un point ordinaire de cette équation. On dira que x_0 est un point ordinaire si $\frac{q(x)}{p(x)}$ et $\frac{r(x)}{p(x)}$ sont analytiques en x_0, c'est à dire que ces deux quotients possèdent une série de Taylor autour de x_0 qui converge. Si $p(x), q(x)$ et $r(x)$ sont des polynômes cette condition est équivalente à $p(x_0) \neq 0$, si x_0 n'est pas un point ordinaire on dira que x_0 est un point singulier de l'équation.

L'idée de trouver des solutions en série de puissances pour l'équation différentielle (1) est d'assumer qu'on peut trouver une solution de la forme

$y(x) = \sum_{n=0}^{\infty} a_n (x - x_0)^n$, autour du point ordinaire x_0.

Nous donnons à la suite des exemples et nous vérifierons les résultats obtenus, dans le cas des coefficients constants de l'exemple 1.

Problème # 1.

Déterminer une solution en série autour de x_0 de 'équation:

$y'' + y = 0$.

Nous avons à résoudre une équation homogène du second ordre que nous avons traitée en profondeur dans mon premier livre, et dont la solution est

$y(x) = c_1 \cos(x) + c_2 \sin(x)$.

Considérons maintenant la solution en série de puissance: Tout d'abord notons que p(x)=1 q(x)=0 et r(x)=1 sont des polynômes et que tout point des réels est un point ordinaire de cette équation.

$y(x) = \sum_{n=0}^{\infty} a_n (x - x_0)^n$. On a que : $y'(x) = \sum_{n=1}^{\infty} n a_n (x - x_0)^{n-1}$ et

$y''(x) = \sum_{n=2}^{\infty} n(n-2) a_n (x - x_0)^{n-2}$. En remplaçant dans $y'' + y = 0$ on

obtient $\sum_{n=2}^{\infty} n(n-2) a_n (x - x_0)^{n-2} + \sum_{n=0}^{\infty} a_n (x - x_0)^n = 0$, donc

$\sum_{n=0}^{\infty} (n+2)(n+1) a_{n+2} (x - x_0)^n + \sum_{n=0}^{\infty} a_n (x - x_0)^n = 0$ et alors

$\sum_{n=0}^{\infty}[(n+2)(n+1)a_{n+2} + a_n](x-x_0)^n = 0$.

Cette série de puissance étant identiquement égale à 0.

$(n+2)(n+1)a_{n+2} + a_n = 0$ n=0,1,2... On arrive à la formule récurrente exprimant le coefficient ayant le plus grand indice en fonction des autres.

Donc $a_{n+2} = -\frac{a_n}{(n+2)(n+1)}$.

n=0 $\quad a_2 = -\frac{a_0}{2.1} \quad$ n=1 $\quad a_3 = -\frac{a_1}{3.2} = -\frac{a_1}{3!}$

n=2 $\quad a_4 = \frac{a_0}{4!} \quad$ n=3 $\quad a_5 = \frac{a_1}{5!}$.

n=4 $\quad a_6 = -\frac{a_4}{6.5} = -\frac{a_0}{6!}$, n=5 $\quad a_7 = -\frac{a_5}{7.6!} = -\frac{a_1}{7!}$

On arrive ainsi aux formules des coefficients en fonction de a_0 et a_1.

$a_{2k} = \frac{(-1)^k a_0}{2k!}$, et $a_{2k+1} = \frac{(-1)^k a_1}{2k+1!}$ pour $k = 1,2,3$ ... la solution est

$y(x) = a_0 + a_1 x + a_2 x^2 + \cdots a_{2k} x^{2k} + a_{2k+1} x^{2k+1}$ +... donc en tenant compte des formules pour les coefficients.

$y(x) = a_0 + a_1 x - \frac{a_0}{2!} x^2 - \frac{a_1}{3!} x^3 + \cdots \frac{(-1)^k a_0}{2k!} x^{2k} + \frac{(-1)^k a_1}{2k+1!} x^{2k+1} +\ldots$

$y(x) = a_0 \sum_{k=0}^{\infty} \frac{(-1)^k}{2k!} x^{2k} + a_1 \sum_{k=0}^{\infty} \frac{(-1)^k}{2k+1!} x^{2k+1}$. On remarque qu'on obtient les séries de Taylor des $\cos(x)$ et $\sin(x)$.

La solution de cette équation est donc $y(x) = a_0 \cos(x) + a_1 \sin(x)$, a_0 et a_1

constantes, ce qui est conforme au résultat espéré. Nous obtenons donc les mêmes solutions linéairement indépendantes, à l'exception que par la méthode de série de puissance nous n'obtenons pas les deux fonctions implicitement mais plutôt les séries de Taylor de ces fonctions. Examinons le cas des coefficients non constants.

Problème #2.

Trouver la solution en série de puissance autour de $x=0$ de l'équation différentielle:

$y'' - xy = 0$.

$p(x)=1$ $q(x)=0$ et $r(x)=-x$ sont des polynômes et $p(0)$ différent de 0 alors tout point x est un point ordinaire de l'équation.

Soit la solution en série de puissance:

$y(x) = \sum_{n=0}^{\infty} a_n x^n$. On a que : $y'(x) = \sum_{n=1}^{\infty} n a_n x^{n-1}$ et

$y''(x) = \sum_{n=2}^{\infty} n(n-1) a_n x^{n-2}$. En remplaçant dans $y'' - xy = 0$ on obtient

$\sum_{n=2}^{\infty} n(n-1) a_n x^{n-2} - \sum_{n=0}^{\infty} a_n x^{n+1} = 0$, alors on a

$\sum_{n=0}^{\infty} (n+2)(n+1) a_{n+2} x^n - \sum_{n=1}^{\infty} a_{n-1} x^n = 0$, et on déduit que:

$2.1 a_2 x^0 + \sum_{n=1}^{\infty} [(n+2)(n+1) a_{n+2} - a_{n-1}] x^n = 0$

1) $2a_2 = 0$ 2) $(n+2)(n+1) a_{n+2} - a_{n-1} = 0$

$a_2=0$ et $a_{n+2} = \frac{a_{n-1}}{(n+2)(n+1)}$

On arrive à la formule récurrente exprimant le coefficient ayant le plus grand indice en fonction des autres. Remarquons que si $a_2=0$ alors

$a_5 = a_8 = a_{11} = \cdots = 0$. $a_3 = \frac{a_0}{3.2}$ $a_4 = \frac{a_1}{4.3}$ $a_5 = 0$ $a_6 = \frac{a_0}{6.5.3.2}$

$a_7 = \frac{a_1}{7.6.4.3}$. On arrive ainsi à : $a_{3k} = \frac{a_0}{3k(3k-1)\ldots 6.5.3.2}$ $a_{3k+1} = \frac{a_1}{(3k+1)(3k)\ldots 5.3.}$

$k = 1,2,3..$ et $a_{3k+2} = 0$ $k = 0,1,2..$

Nous notons que chaque troisième coefficient est 0 et que la formule n'est pas valable pour n=0 car a_{-1} n'est pas défini, notons aussi que la formule de coefficients n'est pas facile à établir et qu'on peut se contenter de donner dans le cas où la formule est impossible à établir, les 4 ou 5 premiers termes de la série. Donner tous les coefficients de la série de puissance solution comme dans le premier exemple est l'exception plutôt que la règle.

La solution en série de puissance pour ce problème est:

$y(x) = a_0 + a_1 x + \frac{a_0}{6} x^3 + \frac{a_1}{12} x^4 + \frac{a_0}{180} x^6 + \frac{a_1}{504} x^7 + \ldots$

$y(x) = a_0(1 + \frac{1}{6} x^3 + + \frac{1}{180} x^6 + \ldots) + a_1(x + \frac{1}{12} x^4 + \frac{1}{504} x^7 + \ldots)$

Montrons comment pour la même équation la solution change complètement si on change de point ordinaire.

Problème #3.

Trouver la solution en série de puissance autour de $x=-2$ de l'équation différentielle:

$y'' - xy = 0$.

-2 est un point ordinaire. Considérons la solution en série de puissance:

$y(x) = \sum_{n=0}^{\infty} a_n (x+2)^n$. On a que : $y'(x) = \sum_{n=1}^{\infty} n a_n (x+2)^{n-1}$ et

$y''(x) = \sum_{n=2}^{\infty} n(n-1) a_n (x+2)^{n-2}$. En remplaçant dans $y'' - xy = 0$ on obtient, $\sum_{n=2}^{\infty} n(n-1) a_n (x+2)^{n-2} - x \sum_{n=0}^{\infty} a_n (x+2)^n = 0$ donc

$\sum_{n=0}^{\infty} (n+2)(n+1) a_{n+2} (x+2)^n - (x+2-2) \sum_{n=0}^{\infty} a_n (x+2)^n = 0$

$\sum_{n=0}^{\infty} (n+2)(n+1) a_{n+2} (x+2)^n - \sum_{n=0}^{\infty} a_n (x+2)^{n+1} + \sum_{n=0}^{\infty} 2 a_n (x+2)^n = 0$

$\sum_{n=0}^{\infty} (n+2)(n+1) a_{n+2} (x+2)^n - \sum_{n=1}^{\infty} a_{n-1} (x+2)^n + \sum_{n=0}^{\infty} 2 a_n (x+2)^n = 0$

$2a_2 + 2a_0 + \sum_{n=1}^{\infty} [(n+2)(n+1) a_{n+2} - a_{n-1} + 2a_n](x+2)^n = 0$

1) $2a_2 + 2a_0 = 0$ 2) $(n+2)(n+1) a_{n+2} - a_{n-1} + 2a_n = 0$.

$a_2 = -a_0$. La formule récurrente pour n> 1 est alors $a_{n+2} = \frac{a_{n-1} - 2a_n}{(n+2)(n+1)}$.

Nous remarquons que pour ce point ordinaire de la même équation présentée au problème 2, tous les troisièmes coefficients de la série solution ne s'annulent pas et que nous ne pouvons trouver de formule générale donnant les coefficients. On se contentera donc de donner quelques termes pour chaque partie de la solution.

Pour n=0 $a_2 = -a_0$ n=1 $a_3 = \frac{a_0 - 2a_1}{6} = \frac{a_0}{6} - \frac{a_1}{3}$.

n=2 $a_4 = \frac{a_1 - 2a_2}{12} = \frac{a_1}{12} + \frac{a_0}{6}$ n=3 $a_5 = \frac{a_2 - 2a_3}{20} = \frac{-a_0}{20} - \frac{1}{10}(\frac{a_0}{6} - \frac{a_1}{3}) = \frac{-a_0}{15} + \frac{a_1}{30}$

Cette solution est de la forme $y(x) = \sum_{n=0}^{\infty} a_n x^n$.

$$y(x) = a_0 \left[1 - (x+2) + \frac{1}{6}(x+2)^3 + \frac{1}{6}(x+2)^4 - \frac{1}{15}(x+2)^5 + \cdots \right] +$$
$$a_1 \left[(x+2) - \frac{1}{3}(x+2)^3 + \frac{1}{12}(x+2)^4 + \frac{1}{30}(x+2)^5 + \cdots \right]$$

Problème #4.

Trouver la solution en série de puissance autour de x=0 de l'équation différentielle:

$(x^2 + 1)y'' - 4xy' + 6y = 0$.

x=0 est un point ordinaire car p(x), q(x) et r(x) sont des polynômes et p(0)=1 est différent de 0.

Soit $y(x) = \sum_{n=0}^{\infty} a_n x^n$. On a que : $y'(x) = \sum_{n=1}^{\infty} n a_n x^{n-1}$ et

$y''(x) = \sum_{n=2}^{\infty} n(n-1) a_n x^{n-2}$. En remplaçant dans $(x^2 + 1)y'' - 4xy' + 6y = 0$ on obtient, $(x^2 + 1) \sum_{n=2}^{\infty} n(n-1) a_n x^{n-2} - 4x \sum_{n=1}^{\infty} n a_n x^{n-1} + 6 \sum_{n=0}^{\infty} a_n x^n = 0$

$\sum_{n=2}^{\infty} n(n-1)a_n x^n + \sum_{n=2}^{\infty} n(n-1)a_n x^{n-2} - \sum_{n=1}^{\infty} 4na_n x^n + \sum_{n=0}^{\infty} 6a_n x^n = 0$.

$\sum_{n=2}^{\infty} n(n-1)a_n x^n + \sum_{n=0}^{\infty} (n+2)(n+1)a_{n+2} x^n - \sum_{n=1}^{\infty} 4na_n x^n + \sum_{n=0}^{\infty} 6a_n x^n = 0$.

Si n=0 $2a_2 + 6a_0 = 0$, n=1 $6a_3 - 4a_1 + 6a_1 = 0$ et on a pour n≥ 2.

$\sum_{n=2}^{\infty} [n(n-1)a_n + (n+2)(n+1)a_{n+2} - 4na_n + 6a_n] x^n = 0$. On a donc pour n≥ 2 $a_n(n^2 - n - 4n + 6) + (n+2)(n+1)a_{n+2} = 0$ ce qui établit la formule

$a_{n+2} = -\frac{(n-2)(n-3)a_n}{(n+2)(n+1)}$ n≥ 2.

D'autre part $a_2 = -3a_0$ et $a_3 = -\frac{a_1}{3}$.

n=2 $a_4 = 0$ et n=3 $a_5 = 0$ on déduit alors que $a_6 = 0$ $a_7 = 0$ $a_8 = 0$...

A partie de n≥ 4 les coefficients de la série sont nuls.

La solution de l'équation est dans ce cas

$y(x) = a_0(1 - 3x^2) + a_1\left(x - \frac{1}{3}x^3\right)$.

Problème #5.

Trouver la solution en série de puissance autour de x=2 de l'équation différentielle.

$y'' - (x-2)y' + 2y = 0.$

$x = 2$ est un point ordinaire, car les coefficients sont des polynômes et $p(0) = 1$.

$y(x) = \sum_{n=0}^{\infty} a_n (x-2)^n$. On a que : $y'(x) = \sum_{n=1}^{\infty} n a_n (x-2)^{n-1}$ et

$y''(x) = \sum_{n=2}^{\infty} n(n-1) a_n (x-2)^{n-2}$. En remplaçant dans cette équation cela donne:

$\sum_{n=2}^{\infty} n(n-1) a_n (x-2)^{n-2} - \sum_{n=1}^{\infty} n a_n (x-2)^n + \sum_{n=0}^{\infty} 2 a_n (x-2)^n = 0.$

$\sum_{n=0}^{\infty} (n+2)(n+1) a_{n+2} (x-2)^n - \sum_{n=1}^{\infty} n a_n (x-2)^n + \sum_{n=0}^{\infty} 2 a_n (x-2)^n = 0.$

En remarquant que : $\sum_{n=1}^{\infty} n a_n (x-2)^n = \sum_{n=0}^{\infty} n a_n (x-2)^n$ on a

$\sum_{n=0}^{\infty} (n+2)(n+1) a_{n+2} (x-2)^n - \sum_{n=0}^{\infty} n a_n (x-2)^n + \sum_{n=0}^{\infty} 2 a_n (x-2)^n = 0.$

On arrive à la formule de récurrence pour n=0, 1, 2 ....

$a_{n+2} = \frac{(n-2)}{(n+2)(n+1)} a_n$ $a_2 = \frac{-2a_0}{2} = -a_0$ $a_3 = \frac{-a_1}{6}$ $a_4 = 0$ et donc

aussi $a_6 =$ $a_8 = a_{10} = \cdots = 0$ $a_5 = \frac{a_3}{20} = \frac{-a_1}{120}$ $a_7 = \frac{3a_5}{42} = \frac{-a_1}{1680}$

$y(x) = a_0 + a_1(x-2) - a_0(x-2)^2 - \frac{a_1}{6}(x-2)^3 + 0(x-2)^4 -$

$\frac{a_1}{120}(x-2)^5 + 0(x-2)^6 - \frac{a_1}{1680}(x-2)^7.$

$y(x) = a_0(1 - (x-2)^2) + a_1\left[(x-2) - \frac{1}{6}(x-2)^3 - \frac{1}{120}(x-2)^5 - \frac{1}{1680}(x-2)^7 + \cdots\right]$.

Pour ce dernier problème examinons le cas d'une équation non homogène.

Problème #6. Résolution d'une équation différentielle du second ordre non homogène.

Trouver la solution en série de puissance autour de $x=0$ de l'équation différentielle $\frac{d^2y}{dt^2} + ty = e^{t+1}$ on a que t=0 est un point ordinaire car p(t)=1 et q(t)=0 et r(t)=t et e^{t+1} a pour série de Taylor autour de 0 $e\sum_{n=0}^{\infty} \frac{t^n}{n!}$.

$y(x) = \sum_{n=0}^{\infty} a_n t^n$. On a que : $y'(x) = \sum_{n=1}^{\infty} n a_n t^{n-1}$ et :

$y''(x) = \sum_{n=2}^{\infty} n(n-1) a_n t^{n-2}$. En remplaçant dans l'équation :

$\sum_{n=2}^{\infty} n(n-1) a_n t^{n-2} + \sum_{n=0}^{\infty} a_n t^{n+1} = \sum_{n=0}^{\infty} \frac{e t^n}{n!}$.

$\sum_{n=0}^{\infty} (n+2)(n+1) a_{n+2} t^n + \sum_{n=1}^{\infty} a_{n-1} t^n = \sum_{n=0}^{\infty} \frac{e t^n}{n!}$.

Si n=0 → $2a_2 = \frac{e}{0!}$ et n=1 $6a_3 + a_0 = \frac{e}{1!}$ pour n>1 on déduit la formule

$a_{n+2} = -\frac{a_{n-1}}{(n+2)(n+1)} + \frac{e}{(n+2)(n+1)n!}$. De ces formules nous trouvons

$a_2 = \frac{e}{2}$ $a_3 = -\frac{a_0}{6} + \frac{e}{6}$ $a_4 = -\frac{a_1}{12} + \frac{e}{24}$ $a_5 = -\frac{a_2}{20} + \frac{e}{120} = -\frac{e}{60}$

La solution générale du présent problème est:

$$y(x) = a_0\left(1 - \frac{1}{6}t^3 + \cdots\right) + a_1\left(t - \frac{1}{12}t^4 + \cdots\right) + e\left(\frac{1}{2}t^2 + \frac{1}{6}t^3 + \frac{1}{24}t^4 - \frac{1}{60}t^5 + \cdots\right).$$

III) Équation d'Euler.

Dans mon livre « Théorie des équations différentielles ordinaires avec transformées de Laplace (P.A.F-2012) ». J'ai montré comment résoudre les équations d'Euler par changement de variable pour obtenir une équation différentielle à coefficients constants. Rappelons la forme de cette équation :

$$ax^2 y'' + bxy' + cy = 0.$$

Comme $x=0$ n'est pas un point ordinaire de l'équation nous ne pouvons pas appliquer la méthode des séries de puissance pour résoudre cette équation.

Cependant nous pouvons assumer que pour $x > 0$ toutes les solutions sont de la forme x^r, en remplaçant dans l'équation l'expression de la solution on a

$a\, x^2 r(r-1)x^{r-2} + bxrx^{r-1} + cx^r = 0$ alors $x^r(a\,r(r-1) + br + c) = 0$

$x^r \neq 0$ donc $a\,r(r-1) + br + c = 0$. On obtient ainsi des solutions de la forme x^r, si cette équation du second degré admet des solutions en r.

A) Cas de deux racines réelles distinctes r_1 et r_2 alors la solution:

$$y(x) = c_1 x^{r_1} + c_2 x^{r_2}.$$

Exemple 1: Résoudre l'équation différentielle.

$2x^2y'' + 3xy' - 15y = 0$ $y(1)=0$ et $y'(1)=1$.

Nous avons $2r(r-1) + 3r - 15 = 0 \rightarrow (2r-5)(r+3) = 0$.

Les solutions sont $r_1 = \frac{5}{2}$ et $r_2 = -3$. La solution générale de l'équation est

$y(x) = c_1 x^{\frac{5}{2}} + c_2 x^{-3}$.

Avec les conditions initiales on a:

$c_1 + c_2 = 0$ et $\frac{5}{2} c_1 - 3c_2 = 0$. Les valeurs solution de ce système, sont

$c_1 = \frac{2}{11}$ et $c_2 = -\frac{2}{11}$ ce qui donne pour solution générale.

$y(x) = \frac{2}{11} r^{\frac{5}{2}} - \frac{2}{11} r^{-3}$. Notons que cette solution est définie pour $x > 0$ car

$r^{\frac{5}{2}}$ n'est pas défini, lorsque $x < 0$.

B) cas des racines réelles égales $r_1 = r_2 = r$. Les deux solutions indépendantes sont x^r et $x^r \ln(x)$. La solution générale est $y(x) = c_1 x^r + c_2 x^r \ln(x)$.

Exemple 2. Trouver la solution de l'équation différentielle.

$x^2 y'' - 7xy' + 16y = 0$.

Nous avons: $r(r-1) - 7r + 16 = 0 \to r^2 - 8r + 16 = 0$ ou $(r-4)^2 = 0$ la solution de cette équation est $r = 4$ donc la solution générale de cette équation d'Euler est $y(x) = c_1 x^4 + c_2 x^4 \ln(x)$.

C) Racines complexes r=$\alpha \pm i\beta$ on a que

$y_1(x) = x^{\alpha+i\beta} = e^{(\alpha+i\beta)\ln(x)} = e^{\alpha \ln(x)}(\cos(\beta \ln(x)) + i\sin(\beta \ln(x))$, donc

$y_1(x) = e^{(\alpha+i\beta)\ln(x)} = x^\alpha(\cos(\beta \ln(x)) + i\sin(\beta \ln(x)))$ et de la même façon:

$y_2(x) = e^{(\alpha-i\beta)\ln(x)} = x^\alpha(\cos(\beta \ln(x)) - i\sin(\beta \ln(x)))$ sont deux solutions indépendantes et $y(x) = c_1 y_1(x) + c_2 y_2(x)$ ce qui donne comme forme de solution:

$y(x) = k_1 x^\alpha \cos(\beta \ln(x)) + k_2 x^\alpha \sin(\beta \ln(x))$.

$k_1 = c_1 + c_2$, $k_2 = i(c_1 - c_2)$.

Exemple 3. Trouver la solution générale de l'équation.

$x^2 y'' + 3xy' + 4y = 0$

Nous avons $r(r-1) +3 r +4=0 \to r^2 + 2r + 4 = 0$ qui a pour racines complexes et conjuguées $-1\pm\sqrt{3}$ donc la solution générale de l'équation est

$y(x) = k_1 x^{-1} \cos(\sqrt{3}\ln(x)) + k_2\, x^{-1} \sin(\sqrt{3}\ln(x))$.

Dans le cas $x < 0$ nous pouvons généraliser la solution en posant $|x|$ dans l'expression donnant les solutions, remarquons que pour x=0 on a la solution triviale y=0.

Si $x < 0$ posons $\mu = -x$ et définissons $\theta(\mu) = y(-x) = y(\mu)$.

$\dfrac{dy}{dx} = \dfrac{d\theta}{d\mu} \cdot \dfrac{d\mu}{dx} = -\dfrac{d\theta}{d\mu}.$ $\qquad \dfrac{d^2y}{dx^2} = -\dfrac{d^2\theta}{d\mu^2}\dfrac{d\mu}{dx} = \dfrac{d^2\theta}{d\mu^2}$ et l'équation d'Euler devient alors :

$a(-\mu)^2 \theta'' + b(-\mu)(-\theta') + c\theta = 0 \rightarrow a\mu^2 \theta'' + b\mu\theta' + c\theta = 0$ qui est une équation d'Euler en μ. On peut donc utiliser les résultats obtenus en remplaçant $x < 0$ par $\mu = -x$ ou $|x|$.

On a donc en résumé pour $x < 0$ les solutions :

$y(x) = c_1|x|^{r_1} + c_2|x|^{r_2}$. Si $r_1 \neq r_2$ solutions réelles et distinctes de :

$a\, r(r-1) + br + c = 0$.

$y(x) = c_1|x|^{r_1} + c_2|x|^{r_2}\ln|x|$. Si $r_1 = r_2 = r$.

$y(x) = c_1|x|^{\alpha}\cos(\beta \ln|x|) + c_2|x|^{\alpha}\sin(\beta \ln|x|)$. Si racines complexes et conjuguées $r = \alpha \pm i\beta$.

Exemple 4. Trouver la solution de l'équation différentielle pour tout $x \neq 0$.

$3x^2 y'' + 25xy' - 16y = 0$.

Nous avons $3r(r-1) + 25r - 16 = 0 \rightarrow (3r-2)(r+8) = 0$.

$r = \frac{2}{3}$ et $r = -8$. La solution est donc pour $x \neq 0$.

$y(x) = c_1 |x|^{\frac{2}{3}} + c_2 |x|^{-8}$.

Exercices de fin de chapitre.

Séries de puissance

1-Trouver la solution générale en série de puissance autour de $x = x_0$ de l'équation

$y'' + xy = 0$.

2-Trouver la solution générale en série de puissance autour de $x=-1$ de l'équation $y'' - y' = 0$.

3-Trouver la solution générale sous forme de série de puissance autour de $x=0$ de l'équation différentielle.

$$\frac{d^2y}{dx^2} + (x-1)\frac{dy}{dx} + (2x-3)y = 0.$$

4- Trouver la solution générale sous forme de série de puissance autour de $x=-1$ de l'équation différentielle

$y'' - (x+1)y = 0$.

5- Trouver la solution générale sous forme de série de puissance autour de $x=0$ de l'équation différentielle

$y'' - x^2 y' - y = 0$.

Équation d'Euler.

1-Résoudre l'équation différentielle

$3x^2 y'' - xy' + y = 0 \quad x > 0$.

2- Résoudre l'équation différentielle

$x^2 y'' - xy' + y = 0 \quad x > 0$.

3- Résoudre l'équation différentielle

$2x^2 y'' + xy' + y = 0 \quad x < 0$.

Corrigé des exercices de fin de chapitre.

1-Trouver la solution en série de puissance autour de $x = x_0$ de l'équation

$y'' + xy = 0$.

$p(x)=1$ $q(x)=0$ et $r(x)=x$ comme $p(x_0) \neq 0$ $x_0=0$ est un point ordinaire. Soit donc $y(x) = \sum_{n=0}^{\infty} a_n (x-x_0)^n$ $y'(x) = \sum_{n=1}^{\infty} n a_n (x-x_0)^{n-1}$ et aussi

$y"(x) = \sum_{n=2}^{\infty} n(n-1)a_n(x-x_0)^{n-2}$. On a en remplaçant dans l'équation :

$\sum_{n=2}^{\infty} n(n-1)a_n(x-x_0)^{n-2} + \sum_{n=0}^{\infty} a_n(x-x_0)^{n+1} = 0$.

$\sum_{n=0}^{\infty}(n+2)(n+1)a_{n+2}(x-x_0)^n + \sum_{n=0}^{\infty} a_n(x-x_0)^{n+1} = 0$.

$\sum_{n=0}^{\infty}(n+2)(n+1)a_{n+2}(x-x_0)^n + \sum_{n=1}^{\infty} a_{n-1}(x-x_0)^n = 0$.

Si n=0→ $2a_2 = 0$ *et si* $n > 0$ on a la formule récurrente:

$(n+2)(n+1)a_{n+2} + a_{n-1} = 0$, donc $a_{n+2} = -\frac{a_{n-1}}{(n+2)(n+1)}$.

Comme $a_2 = 0$ on a par récurrence $a_5 = 0$ $a_8 = 0$ $a_{11} = 0$.

$a_3 = -\frac{a_0}{6}$ $a_4 = -\frac{a_1}{12}$ $a_6 = -\frac{a_3}{30} = \frac{a_0}{180}$ $a_7 = -\frac{a_4}{42} = \frac{a_1}{504}$.

La solution en série de l'équation est donc:

$y(x) = a_0\left(1 - \frac{1}{6}x^3 + \frac{1}{180}x^6 + \cdots\right) + a_1(x - \frac{1}{12}x^4 + \frac{1}{504}x^7 + \ldots)$

2- Trouver la solution en série de puissance autour de $x = -1$ de l'équation $y'' - y' = 0$.

Tout point est un point ordinaire de l'équation car p(x)=1 q(x)=0 et r(x)=-1.

$y(x) = \sum_{n=0}^{\infty} a_n(x+1)^n$ $y'(x) = \sum_{n=1}^{\infty} na_n(x+1)^{n-1}$ et aussi

$y"(x) = \sum_{n=2}^{\infty} n(n-1)a_n(x+1)^{n-2}$. On a en remplaçant dans l'équation

$\sum_{n=2}^{\infty} n(n-1)a_n(x+1)^{n-2} - \sum_{n=1}^{\infty} na_n(x+1)^{n-1} = 0$.

$\sum_{n=0}^{\infty}(n+2)(n+1)a_{n+2}(x+1)^n - \sum_{n=1}^{\infty} na_n(x+1)^{n-1} = 0$.

$\sum_{n=0}^{\infty}(n+2)(n+1)a_{n+2}(x+1)^n - \sum_{n=0}^{\infty}(n+1)a_{n+1}(x+1)^n = 0$.

On arrive à la formule récurrente:

$(n+2)(n+1)a_{n+2} - (n+1)a_{n+1} = 0$.

Alors:

$a_{n+2} = \frac{a_{n+1}}{(n+2)}$, pour n= 0, 1, 2....

$a_2 = \frac{a_1}{2!}$ $a_3 = \frac{a_2}{3} = \frac{a_1}{3!}$ $a_4 = \frac{a_3}{4} = \frac{a_1}{4!}$ ... $a_n = \frac{a_1}{n!}$, cette solution est:

$y(x) = a_0 + a_1((x+1)^1 + \frac{1}{2!}(x+1)^2 + \frac{1}{3!}(x+1)^3 + ... + \frac{1}{n!}(x+1)^n + ..)$

$y(x) = -a_1 + a_0 + a_1(1 + (x+1)^1 + \frac{1}{2!}(x+1)^2 + \frac{1}{3!}(x+1)^3 + ... + \frac{1}{n!}(x+1)^n + ..)$

Nous reconnaissons sous cette forme la série de Taylor de $e^{(x+1)}$ dans le troisième terme alors la solution peut s'écrire comme

$y(x) = a_0 - a_1 + a_1 e^{(x+1)} \rightarrow y(x) = k_1 + k_2 e^{(x+1)}$, où $k_1 = a_0 - a_1$ et $k_2 = a_1$ sont des constantes.

3-Trouver la solution générale sous forme de série de puissance autour de $x = 0$ de l'équation différentielle.

$\frac{d^2y}{dx^2} + (x-1)\frac{dy}{dx} + (2x-3)y = 0$.

Tout point est un point ordinaire de l'équation car p(x)=1 q(x)=(x -1) et r(x)= (2 x -3) sont des polynômes et p(0) différent de 0.

$y(x) = \sum_{n=0}^{\infty} a_n x^n$ $y'(x) = \sum_{n=1}^{\infty} n a_n x^{n-1}$, $y''(x) = \sum_{n=2}^{\infty} n(n-1) a_n x^{n-2}$.

Nous trouvons donc en remplaçant ces expressions dans l'équation :

$\sum_{n=2}^{\infty} n(n-1) a_n x^{n-2} + (x-1)\sum_{n=1}^{\infty} n a_n x^{n-1} + (2x-3)\sum_{n=0}^{\infty} a_n x^n = 0$

$\sum_{n=2}^{\infty} n(n-1) a_n x^{n-2} + \sum_{n=1}^{\infty} n a_n x^n - \sum_{n=1}^{\infty} n a_n x^{n-1} + \sum_{n=0}^{\infty} 2 a_n x^{n+1} - \sum_{n=0}^{\infty} 3 a_n x^n$

$\sum_{n=0}^{\infty} (n+2)(n+1) a_{n+2} x^n + \sum_{n=1}^{\infty} n a_n x^n - \sum_{n=0}^{\infty} (n+1) a_{n+1} x^n + \sum_{n=1}^{\infty} 2 a_{n-1} x^n - \sum_{n=0}^{\infty} 3 a_n x^n$.

. Pour n=0 on a $2a_2 - a_1 - 3a_0 = 0$ donc $a_2 = \frac{a_1}{2} + \frac{3a_0}{2}$ et on a la formule récurrente pour $n \geq 1$

$(n+2)(n+1)a_{n+2} + na_n - (n+1)a_{n+1} + 2a_{n-1} - 3a_n = 0$ n= 1,2...

$a_{n+2} = \frac{a_{n+1}}{(n+2)} + \frac{(3-n)a_n}{(n+2)(n+1)} - \frac{2a_{n-1}}{(n+2)(n+1)}$.

Après calcul les cinq premiers coefficients sont donnés par:

$a_3 = \frac{a_1}{2} + \frac{a_0}{6}$ $a_4 = \frac{a_1}{6} + 0a_0$.

$y(x) = a_0 \left(1 + \frac{3}{2}x^2 + \frac{1}{6}x^3 + 0x^4 + \cdots\right) + a_1 \left(x + \frac{1}{2}x^2 + \frac{1}{2}x^3 + \frac{1}{6}x^4 + \cdots\right)$

4- Trouver la solution générale sous forme de série de puissance autour de $x = -1$ de l'équation différentielle

$y'' - (x + 1)y = 0$.

Encore ici, tout point est un point ordinaire de l'équation.

$y(x) = \sum_{n=0}^{\infty} a_n(x+1)^n$, $y'(x) = \sum_{n=1}^{\infty} na_n(x+1))^{n-1}$ et $y''(x) = \sum_{n=2}^{\infty} n(n-1)a_n(x+1)^{n-2}$ On a en remplaçant dans l'équation :

$\sum_{n=2}^{\infty} n(n-1)a_n(x+1)^{n-2} - \sum_{n=0}^{\infty} a_n(x+1)^{n+1} = 0$

$\sum_{n=0}^{\infty}(n+2)(n+1)a_{n+2}(x+1)^n - \sum_{n=1}^{\infty} a_{n-1}(x+1)^n = 0$.

n=0 → $2a_2 = 0$ et n>1 on a la formule de récurrence.

$a_{n+2} = \frac{a_{n-1}}{(n+2)(n+1)}$.

Comme $a_2 = 0$ donc $a_2 = a_5 = a_8 = \cdots = 0$. D'autre part

$a_3 = \frac{a_0}{6}$ $a_4 = \frac{a_1}{12}$ $a_6 = \frac{a_3}{30} = \frac{a_0}{180}$ $a_7 = \frac{a_4}{42} = \frac{a_1}{504}$.

$y(x) = a_0 \left(1 + \frac{1}{6}(x+1)^3 + \frac{1}{180}(x+1)^6 + \cdots\right) + a_1 \left((x+1) + \frac{1}{12}(x+1)^4 + \frac{1}{504}(x+1)^7 + \cdots\right)$

5- Trouver la solution générale sous forme de série de puissance autour de x=0 de l'équation différentielle

$y'' - x^2 y' - y = 0$

$x = 0$ comme tout autre point est un point ordinaire.

$y(x) = \sum_{n=0}^{\infty} a_n x^n$ $y'(x) = \sum_{n=1}^{\infty} n a_n x^{n-1}$ et $y''(x) = \sum_{n=2}^{\infty} n(n-1) a_n x^{n-2}$.

Nous trouvons donc :

$\sum_{n=2}^{\infty} n(n-1) a_n x^{n-2} - \sum_{n=1}^{\infty} n a_n x^{n+1} - \sum_{n=0}^{\infty} a_n x^n = 0$. Réarrangeons les séries pour faire apparaître que les termes en x^n.

$\sum_{n=0}^{\infty} (n+2)(n+1) a_{n+2} x^n - \sum_{n=2}^{\infty} (n-1) a_{n-1} x^n - \sum_{n=0}^{\infty} a_n x^n = 0$

n=0 → $2a_2 - a_0 = 0$ n=1 → $6a_3 - a_1 = 0$. Pour n>1 on a la formule de récurrence

$a_{n+2} = \frac{(n-1)a_{n-1} + a_n}{(n+2)(n+1)}$ n>1. L'emploi de cette formule donne les valeurs suivantes des coefficients :

$a_2 = \frac{a_0}{2}$ $a_3 = \frac{a_1}{6}$ $a_4 = \frac{a_1}{12} + \frac{a_0}{24}$ $a_5 = \frac{a_1}{120} + \frac{a_0}{20}$.

On ne peut pas établir de formule générale pour les coefficients de cette série. Nous donnerons donc les cinq premiers termes.

$y(x) = a_0 \left(1 + \frac{1}{2}x^2 + \frac{1}{24}x^4 + \frac{1}{20}x^5 + \cdots\right) + a_1 \left(x + \frac{1}{6}x^3 + \frac{1}{12}x^4 + \frac{1}{120}x^5 + \cdots\right)$

Équation d'Euler.

1-Résoudre l'équation différentielle

$3x^2 y'' - xy' + y = 0$ $x > 0$

On a $3r(r-1) - r + 1 = 0 \to 3r^2 - 4r + 1 = 0$ deux racines réelles et distinctes.

$r_1 = \frac{1}{3}$, $r_2 = 1$ et la solution générale est $y(x) = c_1 x^{\frac{1}{3}} + c_2 x$.

2- Résoudre l'équation différentielle

$x^2 y'' - xy' + y = 0 \quad x > 0$.

On a $r(r-1) - r + 1 = 0 \to r^2 - 2r + 1 = 0$ racines réelles double $r_1 = r_2 = 1$ et la solution générale est $y(x) = c_1 x + c_2 x \ln(x)$.

3- Résoudre l'équation différentielle

$2x^2 y'' + xy' + y = 0 \quad x < 0$

On a $2r(r-1) + r + 1 = 0 \to 2r^2 - r + 1 = 0$ racines complexes et conjuguées $\frac{1}{4} \pm i\frac{\sqrt{7}}{4}$ et la solution générale est :

$y(x) = k_1 |x|^{\frac{1}{4}} \cos(\frac{\sqrt{7}}{4} \ln(|x|)) + k_2 |x|^{\frac{1}{4}} \sin(\frac{\sqrt{7}}{4} \ln(|x|))$.

Chapitre 2. Résolution des équations différentielles autour des points singuliers réguliers. Méthode de Frobenius.

A) Introduction.

La méthode de résolution des équations différentielles que nous allons examiner dans ce chapitre ne donnera pas toujours deux solutions, mais elle garantit au moins une solution.

Au chapitre précédent nous avons vu que si x_0 est un point ordinaire de l'équation : $a_2(x)y''(x) + a_1(x)y'(x) + a_0(x)y = 0$, on pouvait trouver deux solutions en série de puissance linéairement indépendantes. Si $a_2(x)$, $a_1(x)$ et $a_0(x)$ sont des polynômes, x_0 est un point ordinaire si on a $a_2(x) \neq 0$. Si x_0 n'est pas un point ordinaire la solution par série de puissance ne peut s'appliquer.

Dans ce cas avec certaines conditions cependant, la méthode de Frobenius permet de trouver une solution pour un point qui n'est pas ordinaire mais qui est un point singulier régulier de l'équation.

I) Point singulier régulier.

Un point x_0 qui n'est pas un point ordinaire est un point singulier régulier d'une équation différentielle:

$y''(x) + p(x)y'(x) + r(x)y = 0$ est une si $(x - x_0)p(x)$ et $(x - x_0)^2 r(x)$ sont analytiques en x_0, c'est à dire ces expressions possèdent des séries de Taylor en x_0 et qui convergent autour de x_0. Nous allons considérer seulement, des points réguliers singuliers autour de 0 et si ce n'est pas le cas le changement de variable $t = x - x_0$ opère une translation de x_0 au point 0.

Par exemple, $x = 0$ n'est pas un point singulier régulier de l'équation $y''(x) - xy'(x) + xy = 0$ car 0 est un point ordinaire. Mais examinons le même point pour l'équation $2x^2 y''(x) - 7x(x+1)y'(x) - 3y = 0$.

$p(x) = \dfrac{-7x(x+1)}{2x}$ et $r(x) = \dfrac{-3}{2x^2}$.

$xp(x) = \dfrac{-7(x+1)}{2}$, $x^2 r(x) = \dfrac{-3}{2}$ sont analytiques autour de 0. Donc $x = 0$ est un point singulier régulier de cette équation.

Remarques.

Pour que x_0 soit un point singulier régulier de l'équation :

$y''(x) + p(x)y'(x) + r(x)y = 0$ (1), $(x - x_0)$ doit apparaître au plus une fois au dénominateur de $p(x)$ et au plus à la puissance deux au dénominateur de $r(x)$.

Une autre remarque dont il faut tenir compte: si l'on pose :

$P(x) = (x - x_0)p(x)$ et $R(x) = (x - x_0)^2 r(x)$

$y''(x) + p(x)y'(x) + r(x)y = 0$ devient équivalente à l'équation :

$(x - x_0)^2 y'' + P(x)(x - x_0)y' + R(x)y = 0$ avec $P(x)$ et $R(x)$ analytiques autour de x_0 par définition.

II) **Théorèmes sur la solution générale de la méthode de Frobenius.**

A) **Théorème 1: Existence d'une solution.**

Si $x = 0$ est un pont singulier régulier de l'équation:

$y''(x) + p(x)y'(x) + r(x)y = 0$ alors il existe au moins une solution de la forme: $y_1(x) = x^{\lambda_1} \sum_{n=0}^{\infty} a_n x^n = \sum_{n=0}^{\infty} a_n x^{n+\lambda_1}$ (1) λ et a_n n=1, 2, 3... sont des constantes et la solution est définie sur un intervalle $0 < x < \rho$, $\rho > 0$ étant le rayon de convergence de la série infinie. Comme on l'a déjà dit ce théorème ne dit pas qu'il peut y avoir une seconde solution de la même forme.

Pour appliquer la méthode de Frobenius nous opérons de la même façon qu'au chapitre I, pour les séries en puissance en remplaçant la série infinie donnée par (1) et les dérivées y'' et y' dans l'équation et on détermine les coefficients des a_n par une formule récurrente.

Nous obtenons en plus une équation indicielle du second degré en λ. Nous considérons seulement les solutions réelles de cette équation. Cette équation est obtenue quand on donne à n la valeur de 0 dans l'expression des séries obtenues par substitution dans l'équation.

B) Théorème 2 : obtention d'une seconde solution linéairement indépendante.

La méthode pour obtenir une seconde solution pour $y''(x) + p(x)y'(x) + r(x)y = 0$ autour d'un point singulier régulier dépendra de la relation entre les racines réelles de l'équation indicielle obtenue. Nous avons trois cas.

1-Si $\lambda_1 - \lambda_2$ **n'est pas un entier positif** ($\lambda_1 > \lambda_2$), la seconde solution linéairement indépendante est obtenue de la même façon que la première en remplaçant λ_1 par λ_2 dans le calcul des coefficients donnés par la formule récurrente.

$y_2(x) = x^{\lambda_2} \sum_{n=0}^{\infty} a_n(\lambda_2) x^n$.

2-Si $\lambda_1 = \lambda_2$ alors $y_2(x) = y_1(x) \ln(x) + x^{\lambda_1} \sum_{n=0}^{\infty} b_n(\lambda_1) x^n$.

Pour obtenir cette solution on fait varier n dans la formule récurrente pour avoir des coefficients en termes de λ et a_0. La série solution ainsi obtenue sera alors de la forme :

$y(\lambda, x)$ et $\boldsymbol{y_2(x)} = \left[\dfrac{\partial y(\lambda, x)}{\partial \lambda}\right]_{\lambda = \lambda_1}$

3-Si $\lambda_1 - \lambda_2$ **est un entier positif** ($\lambda_1 > \lambda_2$), la seconde solution est donnée par :
$y_2(x) = d_{-1} y_1(x) \ln(x) + x^{\lambda_2} \sum_{n=0}^{\infty} d_n(\lambda_2) x^n$.

Pour générer cette solution on procède d'abord comme dans le premier cas, si la formule récurrente reste aussi valable pour λ_2 et dans ce cas $\boldsymbol{d_{-1} = 0}$.

Sinon on applique le deuxième cas avec:

$\boldsymbol{y_2(x)} = \left[\dfrac{\partial ((\lambda - \lambda_2) y(\lambda, x))}{\partial \lambda}\right]_{\lambda = \lambda_2}$.

La solution générale sera donc donnée par $y(x) = c_1 y_1(x) + c_2 y_2(x)$.

Problème 1.

Trouver la solution autour de x=0 par la méthode de Frobenius de l'équation

$3xy'' + y' - y = 0$. On a $y'' + \frac{1}{3x}y' - \frac{1}{3x}y = 0$

$x\,p(x) = \frac{1}{3}$ et $x^2 q(x) = -\frac{x}{3}$, sont analytiques en tout point alors 0 est un point singulier régulier de l'équation. Cherchons une solution de la forme

$y(x) = \sum_{n=0}^{\infty} a_n x^{n+\lambda}$ $y'(x) = \sum_{n=0}^{\infty}(n+\lambda)a_n x^{n+\lambda-1}$ $y''(x) = \sum_{n=0}^{\infty}(n+\lambda)(n+\lambda-1)a_n x^{n+\lambda-2}$

Remplaçons les séries dans l'équation.

$y''(x) = \sum_{n=0}^{\infty} 3(n+\lambda)(n+\lambda-1)a_n x^{n+\lambda-1} + \sum_{n=0}^{\infty}(n+\lambda)a_n x^{n+\lambda-1} - \sum_{n=0}^{\infty} a_n x^{n+\lambda} = 0$

$\sum_{n=0}^{\infty}(n+\lambda)(3n+3\lambda-3)a_n x^{n+\lambda-1} + \sum_{n=0}^{\infty}(n+\lambda)a_n x^{n+\lambda-1} - \sum_{n=0}^{\infty} a_n x^{n+\lambda}$

$\sum_{n=0}^{\infty}(n+\lambda)(3n+3\lambda-2)a_n x^{n+\lambda-1} - \sum_{n=0}^{\infty} a_n x^{n+\lambda}$

$x^\lambda(\sum_{n=0}^{\infty}(n+\lambda)(3n+3\lambda-2)a_n x^{n-1} - \sum_{n=0}^{\infty} a_n x^n) = 0$

$x^\lambda(\sum_{n=0}^{\infty}(n+\lambda)(3n+3\lambda-2)a_n x^{n-1} - \sum_{n=1}^{\infty} a_{n-1} x^{n-1}) = 0$

n=0 alors $\lambda(3\lambda-2)=0$ et n> 0 donne $a_n(n+\lambda)(3n+3\lambda-2) - a_{n-1} = 0$

$a_n = \frac{a_{n-1}}{(n+\lambda)(3n+3\lambda-2)}$. Ce qui est la formule récurrente des coefficients, alors que l'équation indicielle est $\lambda(3\lambda-2)=0$ qui a pour solution $\lambda_1 = \frac{2}{3}$ et $\lambda_2 = 0$. Comme $\lambda_1 - \lambda_2$ n'est pas égal à un entier nous avons par le théorème 2 de résolution deux solutions linéairement indépendantes.

Pour $\lambda_1 = \frac{2}{3}$ on a $a_n = \frac{a_{n-1}}{n(3n+2)}$

$a_1 = \frac{a_0}{5}$ $a_2 = \frac{a_0}{2!58} = a_3 = \frac{a_2}{11.3} = \frac{a_0}{3!5811}$ ... $a_n = \frac{a_0}{n!5.8.11.(3n+2)}$

Si on omet la constante a_0 la solution est donnée d'après le théorème 1 par

$y_1(x) = x^{\frac{2}{3}}(1 + \sum_{n=1}^{\infty} \frac{1}{n!5.8.11.(3n+2)} x^n)$.

Par le théorème 2 remplaçons $\lambda = 0$ dans $a_n = \dfrac{a_{n-1}}{(n+\lambda)(3n+3\lambda-2)}$

$a_n = \dfrac{a_{n-1}}{(n)(3n-2)}$ $a_1 = \dfrac{a_0}{1!}$ $a_2 = \dfrac{a_0}{2!4}$ $a_3 = \dfrac{a_0}{3!4.7}$, on arrive à la formule

$a_n = \dfrac{a_0}{n!4.7.10.13.(3n-2)}$. Alors $y_2(x) = (1 + \sum_{n=1}^{\infty} \dfrac{1}{n!4.7.10.13.(3n-2)} x^n)$ Si on omet a_0. La solution générale est donc donnée par les deux séries linéairement indépendantes

$y(x) = c_1 y_1(x) + c_2 y_2(x) = c_1 x^{\frac{2}{3}}(1 + \sum_{n=1}^{\infty} \dfrac{1}{n!5.8.11.(3n+2)} x^n) + c_2(1 + \sum_{n=1}^{\infty} \dfrac{1}{n!4.7.10.13.(3n-2)} x^n)$.

On démontre que ces deux séries convergent pour tout x.

Équation indicielle.

Il est possible de trouver l'équation indicielle avant même de résoudre le problème, en remarquant que si x_0 est un point singulier régulier de $y''(x) + p(x)y'(x) + r(x)y = 0$. Nous savons par définition du point singulier, que $P(x) = (x - x_0)p(x)$ et $R(x) = (x - x_0)^2 r(x)$ admettent des séries de Taylor dans le voisinage de x_0. Alors :

$P(x) = (x - x_0)p(x) = p_0 + p_1(x - x_0) + \cdots p_n(x - x_0)^n \ldots$

et $\lim_{x \to x_0}(x - x_0)p(x) = p_0$

$R(x) = (x - x_0)^2 r(x) = r_0 + r_1(x - x_0) + \cdots r_n(x - x_0)^n + \cdots$

et $\lim_{x \to x_0}(x - x_0)^2 r(x) = r_0$

Pour $x \neq x_0$ l'équation $y''(x) + p(x)y'(x) + r(x)y = 0$ est équivalente à $(x - x_0)^2 y''(x) + (x - x_0) P(x)y'(x) + R(x)y = 0$. En remplaçant la solution $y(x) = \sum_{n=0}^{\infty} a_n (x - x_0)^{n+\lambda}$ dans cette équation et en ordonnant la série pour identifier le coefficient de $(x - x_0)^\lambda$, pour $n = 0$, on déduit après calculs que : $(x - x_0)^\lambda a_0 [\lambda(\lambda - 1) + p_0 \lambda + r_0] = 0$.

Comme $a_0 \neq 0$, on a une équation indicielle de la forme :

: $\lambda(\lambda-1) + p_0\lambda + r_0 = 0$.

Problème 2.

Dire si $x = 0$ est un point singulier régulier de l'équation. Trouver l'équation indicielle, déduire la forme de la solution et trouver la solution générale sous forme de série infinie.

$2xy'' + (1+x)y' + y = 0$

$x = 0$ est un point singulier régulier car cette équation est équivalente à

$y'' + \frac{(1+x)}{2x}y' + \frac{1}{2x}y = 0$. On a donc $xp(x) = \frac{(1+x)}{2}$ et $x^2r(x) = \frac{x}{2}$

Ces deux fonctions étant analytiques en tout point, 0 est donc un point singulier régulier. Comme aussi $\lim_{x \to 0} xp(x) = p_0 = \frac{1}{2}$ et $\lim_{x \to 0} x^2r(x) = r_0 = 0$.

$\lambda(\lambda-1) + \frac{1}{2}\lambda = 0$ est l'équation indicielle qui a pour solution $\lambda_1 = \frac{1}{2}$ et $\lambda_2 = 0$. D'après le théorème 2 de résolution on a deux solutions linéairement indépendantes $y_1(x) = x^{\frac{1}{2}}\sum_0^\infty a_n x^n$ et $y_2(x) = x^0 \sum_0^\infty b_n x^n$.

Passons maintenant à la résolution, si $y(x) = \sum_{n=0}^\infty a_n x^{n+\lambda}$ alors :

$y'(x) = \sum_{n=0}^\infty (n+\lambda) a_n x^{n+\lambda-1}$ $y''(x) = \sum_{n=0}^\infty (n+\lambda)(n+\lambda-1) a_n x^{n+\lambda-2}$

Remplaçons les fonctions dans l'équation:

$2xy'' + (1+x)y' + y = 0$.

$\sum_{n=0}^\infty 2(n+\lambda)(n+\lambda-1) a_n x^{n+\lambda-1} + \sum_{n=0}^\infty (n+\lambda) a_n x^{n+\lambda-1} + \sum_{n=0}^\infty (n+\lambda) a_n x^{n+\lambda} + \sum_{n=0}^\infty a_n x^{n+\lambda} = 0$. Donc en réarrangeant cela donne:

$\sum_{n=0}^\infty (n+\lambda)(2n+2\lambda-1) a_n x^{n+\lambda-1} + \sum_{n=0}^\infty (n+\lambda+1) a_n x^{n+\lambda} = 0$.

$\lambda(2\lambda - 1)a_0 x^{\lambda-1} + \sum_{n=1}^{\infty}(n + \lambda)(2n + 2\lambda - 1)a_n x^{n+\lambda-1} + \sum_{n=0}^{\infty}(n + \lambda + 1)a_n x^{n+\lambda} = 0$

$\lambda(2\lambda - 1)a_0 x^{\lambda-1} + \sum_{n=0}^{\infty}(n + \lambda + 1)(2n + 2\lambda + 1)a_{n+1} x^{n+\lambda} + \sum_{n=0}^{\infty}(n + \lambda + 1)a_n x^{n+\lambda} = 0$

$\lambda(2\lambda - 1)a_0 x^{\lambda-1} + \sum_{n=0}^{\infty}[(n + \lambda + 1)(2n + 2\lambda + 1)a_{n+1} x^{n+\lambda} + (n + \lambda + 1)a_n]x^{n+\lambda} = 0$.

On déduit que l'équation indicielle est 1) $\lambda(2\lambda - 1) = 0$ et la formule récurrente des coefficients est 2) $a_{n+1} = -\frac{a_n}{2n+2\lambda+1}$.

Si $\lambda = \frac{1}{2}$ $a_{n+1} = -\frac{a_n}{2n+2}$. Ce qui donne :

$a_1 = -\frac{a_0}{2}$. $a_2 = -\frac{a_1}{4} = \frac{a_0}{2!.2^2}$ $a_3 = -\frac{a_2}{6} = -\frac{a_0}{48} = -\frac{a_0}{2^3 3!}$ .....

Et $a_n = (-1)^n \frac{a_0}{n! 2^n}$. Si on omet la constante a_0 on obtient la solution

$y_1(x) = x^{\frac{1}{2}} \sum_{n=0}^{\infty}(-1)^n \frac{x^n}{n! 2^n}$.

Quand $\lambda = 0$ $a_{n+1} = -\frac{a_n}{2n+1}$ $a_1 = -\frac{a_0}{1}$ $a_2 = \frac{a_0}{1.3}$ $a_3 = -\frac{a_0}{1.3.5}$ ...

$a_n = (-1)^n \frac{a_0}{1.3.5.8\ldots(2n-1)}$. Si on omet toujours a_0, la solution sera

$y_2(x) = 1. \sum_{n=0}^{\infty}(-1)^n \frac{x^n}{1.3.5.8\ldots(2n-1)}$.

Les deux séries convergent pour $|x| < \infty$. La solution générale est donc

$y(x) = c_1 x^{\frac{1}{2}} \sum_{n=0}^{\infty}(-1)^n \frac{x^n}{n! 2^n} + c_2 [\sum_{n=0}^{\infty}(-1)^n \frac{x^n}{1.3.5.8\ldots(2n-1)}]$.

Problème 3.

Si x=0, trouver l'équation indicielle, la formule récurrente et la série infinie qui est solution de $8x^2 y'' + 10xy' + (x - 1)y = 0$.

$x = 0$ est un point singulier régulier car cette équation est équivalente à

$y'' + \frac{5}{4x}y' + \frac{(x-1)}{8x^2}y = 0$. On a donc $xp(x) = \frac{5}{4}$ et $x^2r(x) = \frac{(x-1)}{8}$

Ces deux fonctions étant analytiques en tout point 0 est donc un point singulier régulier. Comme aussi $\lim_{x \to 0} xp(x) = \frac{5}{4}$ et $\lim_{x \to 0} x^2r(x) = -\frac{1}{8}$.

$\lambda(\lambda - 1) + \frac{5}{4}\lambda - \frac{1}{8} = 0$, est l'équation indicielle qui a pour solution $\lambda_1 = \frac{1}{4}$ et $\lambda_2 = -\frac{1}{2}$. D'après le théorème 2 de résolution on a deux solutions linéairement indépendantes $y_1(x) = x^{\frac{1}{4}} \sum_0^\infty a_n x^n$ et $y_2(x) = x^{-\frac{1}{2}} \sum_0^\infty b_n x^n$.

Passons maintenant à la résolution, si $y(x) = \sum_{n=0}^\infty a_n x^{n+\lambda}$ et aussi

$y'(x) = \sum_{n=0}^\infty (n+\lambda)a_n x^{n+\lambda-1}$ $y''(x) = \sum_{n=0}^\infty (n+\lambda)(n+\lambda-1)a_n x^{n+\lambda-2}$

Remplaçons les fonctions dans l'équation:

$8x^2 y'' + 10xy' + (x-1)y = 0$.

$\sum_{n=0}^\infty 8(n+\lambda)(n+\lambda-1)a_n x^{n+\lambda} + \sum_{n=0}^\infty 10(n+\lambda)a_n x^{n+\lambda} + \sum_{n=0}^\infty a_n x^{n+\lambda+1} - \sum_{n=0}^\infty a_n x^{n+\lambda} = 0$.

$\sum_{n=0}^\infty [8(n+\lambda)(n+\lambda-1)+10(n+\lambda)-1]a_n x^{n+\lambda} + \sum_{n=1}^\infty a_{n-1} x^{n+\lambda} = 0$.

Donc n=0 $8\lambda(\lambda-1) + 10\lambda - 1 = 0$ qui est l'équation indicielle.

La formule récurrente des coefficients est :

$[8(n+\lambda)(n+\lambda-1)+10(n+\lambda)-1]a_n + a_{n-1} = 0$. Alors:

$[8(n+\lambda)^2 + 2(n+\lambda) - 1]a_n + a_{n-1} = 0$

$a_n = -\frac{a_{n-1}}{(4(n+\lambda)-1)(2(n+\lambda)+1)}$ $n = 1,2,3...$

L'équation indicielle $8\lambda^2 + 2\lambda - 1 = (4\lambda - 1)(2\lambda + 1) = 0$ a pour racines $\lambda_1 = \frac{1}{4}, \lambda_2 = -\frac{1}{2}$. Comme $\lambda_1 - \lambda_2$ n'est pas égal à un entier positif on aura deux séries solutions linéairement indépendantes.

Si $\lambda_1 = \frac{1}{4}$ $a_n = -\frac{a_{n-1}}{(4n+3)2n}$. Ce qui donne. $a_1 = -\frac{a_0}{14}$. $a_2 = \frac{a_0}{616}$ $a_3 = -\frac{a_0}{55440}$

Pour $\lambda_1 = \frac{1}{4}$ on a si on omet a_0

$$y_1(x) = x^{\frac{1}{4}}(1 - \frac{1}{14}x + \frac{1}{616}x^2 - \frac{1}{55440}x^3 + \cdots).$$

Avec $\lambda_2 = -\frac{1}{2}$ la formule récurrente devient. $a_n = -\frac{a_{n-1}}{(4n-3)2n}$.

$a_1 = -\frac{a_0}{2}$. $a_2 = \frac{a_0}{40}$. $a_3 = -\frac{a_0}{2160}$. En ignorant la constante a_0

$$y_2(x) = x^{-\frac{1}{2}}(1 - \frac{1}{2}x + \frac{1}{40}x^2 - \frac{1}{2160}x^3 + \cdots).$$

La solution générale de l'équation est:

$$c_1 x^{\frac{1}{4}}(1 - \frac{1}{14}x + \frac{1}{616}x^2 - \frac{1}{55440}x^3 + \cdots) + c_2 x^{-\frac{1}{2}}(1 - \frac{1}{2}x + \frac{1}{40}x^2 - \frac{1}{2160}x^3 + \cdots)$$

Problème 4.

Si $x = 0$, trouver l'équation indicielle, la formule récurrente et la série infinie qui est solution de $3x^2 y'' - xy' + y = 0$.

$x=0$ est un point singulier régulier car cette équation est équivalente à

$y'' - \frac{1}{3x}y' + \frac{1}{3x^2}y = 0$. On a donc $xp(x) = -\frac{1}{3}$ et $x^2 r(x) = \frac{1}{3}$

Ces deux fonctions étant analytiques en tout point, alors 0 est donc un point singulier régulier. Comme aussi $\lim_{x \to 0} xp(x) = -\frac{1}{3}$ et $\lim_{x \to 0} x^2 r(x) = \frac{1}{3}$.

$\lambda(\lambda - 1) - \frac{1}{3}\lambda + \frac{1}{3} = 0$ est l'équation indicielle qui a pour solution $\lambda_1 = \frac{1}{3}$ et $\lambda_2 = 1$. D'après le théorème de résolution 2 on a deux solutions linéairement indépendantes $y_1(x) = x^{\frac{1}{3}} \sum_0^\infty a_n x^n$ et $y_2(x) = x^1 \sum_0^\infty b_n x^n$.

Passons maintenant à la résolution, si $y(x) = \sum_{n=0}^{\infty} a_n x^{n+\lambda}$ $y'(x) = \sum_{n=0}^{\infty}(n+\lambda)a_n x^{n+\lambda-1}$ $y''(x) = \sum_{n=0}^{\infty}(n+\lambda)(n+\lambda-1)a_n x^{n+\lambda-2}$

Remplaçons les fonctions dans l'équation:

$3x^2 y'' - xy' + y = 0$.

$\sum_{n=0}^{\infty} 3(n+\lambda)(n+\lambda-1)a_n x^{n+\lambda} - \sum_{n=0}^{\infty}(n+\lambda)a_n x^{n+\lambda} + \sum_{n=0}^{\infty} a_n x^{n+\lambda} = 0$.

L'équation indicielle est $3\lambda(\lambda-1) - \lambda + 1 = 0$ et la formule récurrente des coefficients est : $[3(n+\lambda)(n+\lambda-1) - (n+\lambda) + 1]a_n = 0$ $n = 1,2,3 \ldots$

Donc $[3(n+\lambda)^2 - 4(n+\lambda) + 1]a_n = 0$, comme l'équation doit être vérifiée quelle que soit la valeur de $n \geq 1$ alors $a_n = 0$ si $n \geq 1$

Dans ce cas les deux solutions sont $y_1(x) = x^{\frac{1}{3}}$ et $y_2(x) = x$ en omettant a_0

La solution générale est donc $c_1 x^{\frac{1}{3}} + c_2 x$.

Problème 5.

Trouver une série infinie autour de 0, qui est la solution générale de l'équation différentielle.

$x^2 y'' + xy' + x^2 y = 0$.

$x = 0$ est un point singulier régulier car cette équation est équivalente à

$y'' + \frac{1}{x} y' + 1y = 0$. On a donc $xp(x) = 1$ et $x^2 r(x) = x^2$

Ces deux fonctions étant analytiques en tout point, 0 est donc un point singulier régulier. Comme aussi $\lim_{x \to 0} xp(x) = 1$ et $\lim_{x \to 0} x^2 r(x) = 0$.

L'équation indicielle est $\lambda(\lambda-1) + \lambda = 0$ donc $\lambda^2 = 0$ ce qui donne racine double $\lambda_1 = \lambda_2 = 0$. Par le théorème 2 de résolution, on a une solution de la forme $y_1(x) = x^0 \sum_0^{\infty} a_n x^n$ et la deuxième solution est donnée par :

$y_2(x) = y_1(x) \ln(x) + x^0 \sum_{n=0}^{\infty} b_n(0) x^n$, où $y_2(x) = \left[\frac{\partial y(\lambda,x)}{\partial \lambda}\right]_{\lambda=0}$.

En remplaçant dans cette équation les séries $y(x) = \sum_{n=0}^{\infty} a_n x^{n+\lambda}$

$y'(x) = \sum_{n=0}^{\infty}(n+\lambda) a_n x^{n+\lambda-1}$, $y''(x) = \sum_{n=0}^{\infty}(n+\lambda)(n+\lambda-1) a_n x^{n+\lambda-2}$

On trouve.

$\sum_{n=0}^{\infty}(n+\lambda)(n+\lambda-1) a_n x^{n+\lambda} + \sum_{n=0}^{\infty}(n+\lambda) a_n x^{n+\lambda} + \sum_{n=0}^{\infty} a_n x^{n+\lambda+2} = 0$.

$\sum_{n=0}^{\infty}(n+\lambda)(n+\lambda) a_n x^{n+\lambda} + \sum_{n=2}^{\infty} a_{n-2} x^{n+\lambda} = 0$.

On a alors si n=0 $\lambda^2 = 0$ qui est l'équation indicielle

n=1 $(\lambda+1)^2 a_1 = 0$ et n>1 $(n+\lambda)(n+\lambda) a_n + a_{n-2} = 0$.

$a_n = -\frac{a_{n-2}}{(n+\lambda)^2}$. Pour $\lambda = 0$ alors $a_n = -\frac{a_{n-2}}{n^2}$ et si $a_1 = 0$ cela entraîne, par la formule que $a_3 = a_5 = a_7 = \cdots = 0$.

Après calcul on arrive à la formule des coefficients

$a_{2k} = (-1)^k \frac{1}{2^{2k} k!^2}$ donc : $y_1(x) = a_0 x^0 (1 - \frac{1}{2^2 . 1!} x^2 + \frac{1}{2^4 . 2!^2} x^4 - \frac{1}{2^6 . 3!^2} x^6 + \cdots$

Pour trouver l'autre solution exprimons les a_n en fonction de λ

$a_1 = a_3 = a_5 = a_7 = 0 \ldots$

$a_2 = -\frac{a_0}{(2+\lambda)^2}$ $a_4 = \frac{a_0}{(2+\lambda)^2 (4+\lambda)^2}$. On obtient ainsi :

$y(\lambda, x) = a_0 \left[x^\lambda - \frac{1}{(2+\lambda)^2} x^{\lambda+2} + \frac{1}{(2+\lambda)^2 (4+\lambda)^2} x^{\lambda+4} + \cdots \right]$. Et en dérivant par rapport à λ.

$\frac{\partial y(\lambda,x)}{\partial \lambda} =$

$a_0 \left[x^\lambda \ln(x) - \frac{1}{(2+\lambda)^2} x^{\lambda+2} \ln(x) + 2 \frac{x^{\lambda+2}}{(2+\lambda)^3} + \frac{1}{(2+\lambda)^2(4+\lambda)^2} x^{\lambda+4} \ln(x) - \frac{2 x^{\lambda+4}}{(2+\lambda)^3 (4+\lambda)^2} - \frac{2 x^{\lambda+4}}{(2+\lambda)^2 (4+\lambda)^3} + \cdots \right]$. En remplaçant $\lambda = 0$ on obtient :

$$a_0\left[\ln(x) - \frac{1}{(2)^2}x^2 \ln(x) + 2\frac{x^2}{(2)^3} + \frac{1}{(2)^2(4)^2}x^4 \ln(x) - \frac{2x^4}{(2)^3(4)^2} - \frac{2x^4}{(2)^2(4)^3} + \cdots\right]$$

$$a_0 \ln(x)\left[1 - \frac{1}{(2)^2 1!}x^2 + \frac{1}{(2!)^2(2)^4}x^4 + \cdots\right) + a_0\left(\frac{x^2}{(2)^2 1!} - \frac{x^4}{(2)^4 2!^2}(1 + \frac{1}{2})\right.$$

$$\left. + \cdots \cdots\right]$$

$$y_2(x) = a_0 \ln(x) y_1(x) + a_0 \left(\frac{x^2}{(2)^2 1!} - \frac{x^4}{(2)^4 2!^2}\frac{3}{2} + \cdots\right).$$

La solution générale est :

$$y(x) = c_1(1 - \frac{1}{2^2.1!}x^2 + \frac{1}{2^4.2!^2}x^4 - \frac{1}{2^6.3!^2}x^6 + \cdots) + c_2 \ln(x) y_1(x) + c_2 \left(\frac{x^2}{(2)^2 1!} - \frac{x^4}{(2)^4 2!^2}\frac{3}{2} + \cdots\right)$$

Problème 6.

Trouver la solution générale autour de 0 de

$$x^2 y'' + (x^2 + 2x)y' - 2y = 0$$

$x = 0$ est un point singulier régulier car cette équation est équivalente à

$y'' + \frac{(x+2)}{x}y' - \frac{2}{x^2}y = 0$. On a donc $xp(x) = (x+2)$ et $x^2 r(x) = -2$

Ces deux fonctions étant analytiques en tout point 0 est donc un point singulier régulier. Comme aussi $\lim_{x\to 0} xp(x) = 2$ et $\lim_{x\to 0} x^2 r(x) = -2$.

L'équation indicielle est $\lambda(\lambda - 1) + 2\lambda - 2 = 0$ et $\lambda_1 = 1$ et $\lambda_2 = -2$ sont les racines et $\lambda_1 - \lambda_2 = 3$ est un entier. Trouvons une première solution de la forme

$y_1(x) = x^\lambda \sum_0^\infty a_n x^n$. Donc en remplaçant la solution et ses dérivées dans

$x^2 y'' + (x^2 + 2x)y' - 2y = 0$. Nous obtenons :

$\sum_{n=0}^{\infty}(n+\lambda)(n+\lambda-1)a_n x^{n+\lambda} + \sum_{n=0}^{\infty}(n+\lambda)a_n x^{n+\lambda+1} + \sum_{n=0}^{\infty}2(n+\lambda)a_n x^{n+\lambda} - \sum_{n=0}^{\infty}2a_n x^{n+\lambda}$

$\sum_{n=0}^{\infty}[(n+\lambda)(n+\lambda-1) + 2(n+\lambda) - 2]a_n x^{n+\lambda} + \sum_{n=1}^{\infty}(n+\lambda-1)a_{n-1} x^{n+\lambda} = 0$

n =0 donne $\lambda(\lambda-1) + 2\lambda - 2 = 0$ et pour n≥ 1 on a :

$[(n+\lambda)(n+\lambda-1) + 2(n+\lambda) - 2]a_n + (n+\lambda-1)a_{n-1} = 0$.

$a_n = -\frac{a_{n-1}}{(n+\lambda+2)}$. Comme les racines de l'équation indicielle $\lambda^2 + \lambda - 2 = 0$ sont 1 et -2.

Si $\lambda = 1$ on a $a_n = -\frac{a_{n-1}}{(n+3)}$ on arrive à la formule générale en fonction de a_0

$a_k = (-1)^k \frac{3!a_0}{(k+3)!}$. Alors $y_1(x) = x\sum_{n=0}^{\infty}(-1)^n \frac{3!}{(n+3)!}x^n$ si on ne tient pas compte de a_0. Pour la deuxième solution la formule récurrente reste valable lorsque $\lambda = -2$. Car $a_n = -\frac{a_{n-1}}{n}$ est définie pour n >0.

Et on arrive à la formule générale en fonction des a_n, $a_k = (-1)^k \frac{a_0}{k!}$.

Sans tenir compte de la constante a_0, la deuxième solution est $y_2(x) = x^{-2}\sum_{n=0}^{\infty}(-1)^n \frac{1}{n!}x^n$ Cette solution est conforme au cas 3 du théorème 2 avec $d_{-1} = 0$ et $d_n(-2) = (-1)^k \frac{a_0}{k!}$, la solution générale est:

$c_1 x\sum_{n=0}^{\infty}(-1)^n \frac{3!}{(n+3)!}x^n + c_2 x^{-2}\sum_{n=0}^{\infty}(-1)^n \frac{1}{n!}x^n$.

Exercices de fin de chapitre.

I) Déterminer les points singuliers des équations différentielles données ci-dessus. Dites pour chaque point s'il est régulier ou irrégulier.

1) $x^3 y'' + 4x^2 y' + 3y = 0$.

2) $(x^2 - 9)^2 y'' + (x + 3)y' + 2y = 0$.

3) $x(x + 3)^2 y'' - y = 0$.

II) Utiliser la forme générale de l'équation indicielle $\lambda(\lambda - 1) + p_0\lambda + r_0 = 0$

Pour trouver les racines autour de 0. Discuter ensuite les formes de solutions correspondantes pour chaque équation différentielle en utilisant les théorèmes sur la solution générale de la méthode de Frobenius..

1) $x^2 y'' + \left(\frac{5}{3}x + x^2\right)y' - \frac{1}{3}y = 0$.

2) $xy'' + y' + 10y = 0$.

III) $x = 0$ est un point singulier régulier de chaque équation différentielle données ci-dessus. Montrer pour chacune que les racines indicielles ne diffèrent pas, par un entier et utiliser la méthode de Frobenius pour trouver la série infinie autour de 0 qui est la solution générale.

1) $2xy'' - y' + 2y = 0$.

2) $4xy'' + \frac{1}{2}y' + y = 0$.

3) $3xy'' + (2 - x)y' - y = 0$.

4) $9x^2 y'' + 9x^2 y' + 2y = 0$.

Corrigé des exercices de fin de chapitre.

I) Déterminer les points singuliers des équations différentielles données ci-dessus. Dites pour chaque point s'il est régulier ou irrégulier.

1) $x^3 y'' + 4x^2 y' + 3y = 0$.

$p(x) = \frac{4}{x}$, $r(x) = \frac{3}{x^3}$

$x = 0$ est un point singulier et irrégulier car $x^2 r(x) = \frac{3}{x^1}$ n'est pas analytique en 0.

2) $(x^2 - 9)^2 y'' + (x + 3)y' + 2y = 0$.

$p(x) = \frac{(x+3)}{(x+3)^2(x-3)^2} = \frac{1}{(x+3)(x-3)^2}$ $r(x) = \frac{2}{(x+3)^2(x-3)^2}$.

$x = 3$ est un point singulier et irrégulier car $(x-3)^2 r(x) = \frac{2}{(x+3)^2}$ est analytique en $x = 3$, mais $(x-3)p(x) = \frac{1}{(x+3)(x-3)}$ ne l'est pas.

Le deuxième point $x = -3$ est un point singulier régulier car

$(x+3)p(x) = \frac{1}{(x-3)^2}$ et aussi $(x+3)^2 r(x) = \frac{2}{(x-3)^2}$ sont analytiques en $x = -3$.

3) $x(x+3)^2 y'' - y' = 0$.

$p(x) = -\frac{1}{x(x+3)^2}$ $r(x) = 0$. Donc pour $x = 0$ $xp(x) = \frac{1}{(x+3)^2}$ et $x^2 r(x)$ sont analytiques en 0 et donc 0 est un point singulier de cette équation mais -3 est un point singulier irrégulier puisque :

$(x+3)p(x) = \frac{1}{x(x+3)}$ n'est pas analytique en $x = -3$.

II) Utiliser la forme générale de l'équation indicielle $\lambda(\lambda - 1) + p_0\lambda + r_0 = 0$

Pour trouver les racines autour du point singulier régulier $x = 0$. Discuter ensuite les formes de solutions correspondantes pour chaque équation différentielle en utilisant le théorème sur la solution générale de la méthode de Frobenius.

1) $x^2 y'' + \left(\frac{5}{3}x + x^2\right) y' - \frac{1}{3} y = 0 \rightarrow y'' + \left(\frac{5}{3x} + 1\right) y' - \frac{1}{3x^2} y = 0$

$p_0 = \lim_{x \to 0} xp(x) = \lim_{x \to 0} \left(\frac{5}{3} + x\right) = \frac{5}{3}$ et $r_0 = \lim_{x \to 0} x^2 r(x) = -\frac{1}{3}$.

L'équation indicielle est $\lambda(\lambda - 1) + \frac{5}{3}\lambda - \frac{1}{3} = 0$.

$3\lambda^2 + 2\lambda - 1 = 0$. Les deux racines sont $\frac{1}{3}$ et -1, alors $\lambda_1 - \lambda_2 = \frac{4}{3}$ n'est pas un entier positif donc la solution générale s'exprimera comme une combinaison linéaire de deux séries infinies et linéairement indépendantes de la forme:

$y_1(x) = x^{\frac{1}{3}} \sum_{n=0}^{\infty} a_n x^n$ et $y_2(x) = x^{-1} \sum_{n=0}^{\infty} b_n x^n$.

2) $xy'' + y' + 10y = 0 \rightarrow y'' + \frac{1}{x} y' + \frac{10}{x} y = 0$.

$a_0 = \lim_{x \to 0} xp(x) = \lim_{x \to 0}(1) = 1$ et $\lim_{x \to 0} x^2 r(x) = 10x = 0$.

L'équation indicielle est $\lambda(\lambda - 1) + \lambda = 0$.

$\lambda^2 = 0$. Racine double $\lambda_1 = \lambda_2 = 0$. La solution générale s'exprimera comme combinaison linéaire de deux séries infinies.

$y_1(x) = x^0 \sum_{n=0}^{\infty} a_n x^n = \sum_0^{\infty} a_n x^n$. Et l'autre solution est donnée par :

$y_2(x) = y_1(x) \ln(x) + x^0 \sum_{n=0}^{\infty} b_n(\lambda_1) x^{n+\lambda_1}$ avec $y_2(x) = \left[\frac{\partial y(\lambda, x)}{\partial \lambda}\right]_{\lambda=0}$.

III) $x = 0$ est un point singulier régulier de chaque équation différentielle donnée ci-dessus. Montrer pour chacune que les racines indicielles ne diffèrent pas par un entier et utiliser la méthode de Frobenius pour trouver la série infinie autour de 0 qui est la solution générale.

1) $2xy'' - y' + 2y = 0 \rightarrow y'' - \frac{1}{2x}y' + \frac{1}{x}y = 0$.

$a_0 = \lim_{x \to 0} xp(x) = -\frac{1}{2}$ et $\lim_{x \to 0} x^2 r(x) = 0$.

L'équation indicielle est $\lambda(\lambda - 1) - \frac{1}{2}\lambda = 0$. Ce qui donne les deux solutions

$\lambda_1 = \frac{3}{2}$ et $\lambda_2 = 0$. Passons maintenant à la résolution.

Si $y(x) = \sum_{n=0}^{\infty} a_n x^{n+\lambda}$

$y'(x) = \sum_{n=0}^{\infty}(n+\lambda)a_n x^{n+\lambda-1}$ $y''(x) = \sum_{n=0}^{\infty}(n+\lambda)(n+\lambda-1)a_n x^{n+\lambda-2}$.

On a en remplaçant ces séries dans $2xy'' - y' + 2y = 0$.

$\sum_{n=0}^{\infty} 2(n+\lambda)(n+\lambda-1)a_n x^{n+\lambda-1} - \sum_{n=0}^{\infty}(n+\lambda)a_n x^{n+\lambda-1} +$

$\sum_{n=0}^{\infty} 2a_n x^{n+\lambda} = 0$.

$\sum_{n=0}^{\infty}[2(n+\lambda)(n+\lambda-1) - (n+\lambda)]a_n x^{n+\lambda-1} + \sum_{n=1}^{\infty} 2a_{n-1} x^{n+\lambda-1} = 0$

n=0 $2\lambda(\lambda-1) - \lambda = 0$ équation indécielle. $2\lambda^2 - 3\lambda = 0$

$n \geq 1$ $[2(n+\lambda)(n+\lambda-1) - (n+\lambda)]a_n + 2a_{n-1} = 0$.

$(n+\lambda)(2n+2\lambda-3)a_n = -2a_{n-1}$

Formuler récurrente: $a_n = -\frac{2a_{n-1}}{(n+\lambda)(2n+2\lambda-3)}$.

Si $\lambda_1 = \frac{3}{2}$ $a_n = -\frac{2a_{n-1}}{n(2n+3)}$ $a_1 = -\frac{2a_0}{5}$ $a_2 = \frac{2^2 a_0}{2!5.7}$ $a_3 = -\frac{2^3 a_0}{3!5.7.9}$

$a_n = (-1)^n \frac{2^n a_0}{n!5.7.9....(2n+3)}$. Si on laisse tomber a_0

$$y_1(x) = x^{\frac{3}{2}}(1 - \frac{2}{5}x + \frac{2^2}{2!5.7}x^2 - \frac{2^3}{3!5.7.9}x^3 + \cdots . (-1)^n \frac{2^n}{n!5.7.9....(2n+3)} + \cdots .$$

Comme $\lambda_1 - \lambda_2$ n'est pas un entier, on peut appliquer le théorème de résolution pour déterminer $y_2(x)$ en remplaçant dans la formule récurrente λ par 0 :

$a_n = -\frac{2a_{n-1}}{n(2n-3)}$. Avec cette formule on déduit que $a_1 = 2a_0$ $a_2 = -\frac{2^2 a_0}{2!}$

$a_3 = \frac{2^3 a_0}{3!3}$ $a_4 = -\frac{2^4 a_0}{4!3.5}$ $a_n = (-1)^{n+1} \frac{2^n a_0}{n!3.5.7...(2n-3)}$

Si on laisse tomber a_0 on a la solution :

$$y_2(x) = 1 + 2x - \frac{2^2}{2!}x^2 + \frac{2^3}{3!3}x^3 + \cdots . (-1)^{n+1} \frac{2^n a_0}{n!3.5.7...(2n-3)} + \cdots .$$

La solution générale est donc $c_1 y_1(x) + c_2 y_2(x)$ soit

$$y(x) = c_1 \left(x^{\frac{3}{2}}(1 - \frac{2}{5}x + \frac{2^2}{2!5.7}x^2 - \frac{2^3}{3!5.7.9}x^3 + \cdots (-1)^n \frac{2^n}{n!5.7.9....(2n+3)} + \cdots . \right) +$$

$$c_2 \left(1 + 2x - \frac{2^2}{2!}x^2 + \frac{2^3}{3!3}x^3 + \cdots (-1)^{n+1} \frac{2^n a_0}{n!3.5.7...(2n-3)} + \cdots . \right)$$

2) $4xy'' + \frac{1}{2}y' + y = 0$.

$a_0 = \lim_{x \to 0} xp(x) = \frac{1}{8}$, et $\lim_{x \to 0} x^2 r(x) = \frac{x}{4} = 0$.

L'équation indicielle est $\lambda(\lambda - 1) + \frac{1}{8}\lambda = 0$. Alors les deux solutions sont :

$\lambda_1 = 0$ et $\lambda_2 = \frac{7}{8}$. Passons maintenant à la résolution. Si on pose :

$y(x) = \sum_{n=0}^{\infty} a_n x^{n+\lambda}$ $donc$ $y'(x) = \sum_{n=0}^{\infty}(n+\lambda)a_n x^{n+\lambda-1}$. Et aussi

$y''(x) = \sum_{n=0}^{\infty}(n+\lambda)(n+\lambda-1)a_n x^{n+\lambda-2}$. En remplaçant dans $4xy'' + \frac{1}{2}y' + y = 0$ et en groupant on trouve:

$\sum_{n=0}^{\infty}[4(n+\lambda)(n+\lambda-1) + \frac{1}{2}(n+\lambda)]a_n x^{n+\lambda-1} + \sum_{n=1}^{\infty} a_{n-1} x^{n+\lambda-1} = 0$

n=0 l'équation indicielle $4\lambda((\lambda-1) + \frac{1}{2}\lambda = 0$. $n \geq 1$ on trouve la formule récurrente $a_n = -\frac{a_{n-1}}{(n+\lambda)(4n+4\lambda-\frac{7}{2})}$

$\lambda_1 = 0$ $a_n = -\frac{2a_{n-1}}{n(8n-7)}$. Cela donne $a_1 = -\frac{2a_0}{1}$ $a_2 = \frac{2a_0}{9}$ $a_3 = -\frac{4a_0}{459}$ .....

Donc $y_1(x) = x^0 \left(1 - 2x + \frac{2}{9}x^2 - \frac{4a_0}{459}x^3 + \cdots \right)$ si on laisse de coté a_0.

Comme $\lambda_1 - \lambda_2$ n'est pas un entier par le théorème de résolution, la deuxième solution est donnée en remplaçant $\lambda_2 = \frac{7}{8}$ dans la formule de récurrence.

$a_n = -\frac{2a_{n-1}}{n(8n+7)}$. Ce qui donne $a_1 = -\frac{2a_0}{15}$ $a_2 = \frac{2a_0}{345}$ $a_3 = \frac{-4a_0}{32085}$.....

$y_2(x) = x^{\frac{7}{8}}\left(1 - \frac{2}{15}x + \frac{2}{345}x^2 - \frac{4}{32085}x^3 + \cdots\right)$. Donc la solution générale est donnée par :

$y(x) = c_1 x^0 \left(1 - 2x + \frac{2}{9}x^2 - \frac{4a_0}{459}x^3 + \cdots\right) + c_2 x^{\frac{7}{8}}\left(1 - \frac{2}{15}x + \frac{2}{345}x^2 - \frac{4}{32085}x^3 + \cdots\right)$.

3) $3xy'' + (2-x)y' - y = 0 \rightarrow 3)y'' + \frac{(2-x)}{3x}y' - \frac{1}{3x}y$

$a_0 = \lim_{x \to 0} xp(x) = \lim_{x \to 0} \frac{(2-x)}{3} = \frac{2}{3}$, et $\lim_{x \to 0} x^2 r(x) = \lim_{x \to 0} -\frac{x}{3} = 0$.

L'équation indicielle est $\lambda(\lambda - 1) + \frac{2}{3}\lambda = 0$. On a les deux solutions suivantes

$\lambda_1 = \frac{1}{3}$ et $\lambda_2 = 0$. Passons mintenant à la résolution si :

$y(x) = \sum_{n=0}^{\infty} a_n x^{n+\lambda}$, $y'(x) = \sum_{n=0}^{\infty}(n+\lambda)a_n x^{n+\lambda-1}$, $y''(x) = \sum_{n=0}^{\infty}(n+\lambda)(n+\lambda-1)a_n x^{n+\lambda-2}$. En remplaçant dans $3xy'' + (2-x)y' - y = 0$ et en groupant on trouve:

$\sum_{n=0}^{\infty} 3(n+\lambda)(n+\lambda-1)a_n x^{n+\lambda-1} + \sum_{n=0}^{\infty} 2(n+\lambda)a_n x^{n+\lambda-1} - \sum_{n=0}^{\infty}(n+\lambda)a_n x^{n+\lambda} - \sum_{n=0}^{\infty} a_n x^{n+\lambda} = 0$

$\sum_{n=0}^{\infty}(n+\lambda)(3n+3\lambda-1)a_n x^{n+\lambda-1} - \sum_{n=1}^{\infty}(n+\lambda-1+1)a_{n-1} x^{n+\lambda-1} = 0$.

n=0, $\lambda(3\lambda - 1) = 0$ équation indicielle et $n \geq 1$ on a la formule

$(n+\lambda)(3n+3\lambda-1)a_n - (n+\lambda-1+1)a_{n-1} = 0$

$a_n = \frac{(n+\lambda)a_{n-1}}{(n+\lambda)(3n+3\lambda-1)} = \frac{a_{n-1}}{(3n+3\lambda-1)}$.

$\lambda_1 = \frac{1}{3}$. Alors $a_n = \frac{a_{n-1}}{3n}$

$a_1 = \frac{a_0}{3}$ $a_2 = \frac{a_0}{18}$ $a_3 = \frac{a_0}{162}$ $a_4 = \frac{a_0}{1944}$.... En laissant tomber a_0 on obtient

$y_1(x) = x^{\frac{1}{3}}(1 + \frac{1}{3}x + \frac{1}{18}x^2 + \frac{1}{162}x^3 + \frac{1}{1944}x^4 + \cdots)$.

Comme $\lambda_1 - \lambda_2$ n'est pas entier par le théorème 2 de résolution la deuxième solution est donnée en remplaçant $\lambda_2 = 0$ dans la formule $a_n = \frac{a_{n-1}}{(3n+3\lambda-1)}$

$a_n = \frac{a_{n-1}}{3n-1}$ donc $a_1 = \frac{a_0}{2}$ $a_2 = \frac{a_0}{10}$ $a_3 = \frac{a_0}{80}$ $a_4 = \frac{a_0}{880}$….. Si on ignore a_0,

$y_2(x) = 1(1 + \frac{1}{2}x + \frac{1}{10}x^2 + \frac{1}{80}x^3 + \frac{1}{880}x^4 + ….)$. La solution de l'équation sera donnée par la combinaison linéaire des solutions indépendantes.

$y(x) = c_1 x^{\frac{1}{3}}(1 + \frac{1}{3}x + \frac{1}{18}x^2 + \frac{1}{162}x^3 + \frac{1}{1944}x^4 + \cdots) + c_2(1 + \frac{1}{2}x + \frac{1}{10}x^2 + \frac{1}{80}x^3 + \frac{1}{880}x^4 + ….)$.

4) $9x^2 y'' + 9x^2 y' + 2y = 0 \rightarrow y'' + y' + \frac{2}{9x^2} y = 0$

$a_0 = \lim_{x \to 0} xp(x) = 0$, et $\lim_{x \to 0} x^2 r(x) = \frac{1}{9}$.

L'équation indicielle est $\lambda(\lambda - 1) + \frac{2}{9} = 0$. On a les deux solutions distinctes

$\lambda_1 = \frac{2}{3}$ et $\lambda_2 = \frac{1}{3}$. Passons maintenant à la résolution. Si on pose :

$y(x) = \sum_{n=0}^{\infty} a_n x^{n+\lambda}$, $y'(x) = \sum_{n=0}^{\infty}(n+\lambda)a_n x^{n+\lambda-1}$, $y''(x) = \sum_{n=0}^{\infty}(n+\lambda)(n+\lambda-1)a_n x^{n+\lambda-2}$. En remplaçant dans $9x^2 y'' + 9x^2 y' + 2y = 0$ et en groupant on trouve la formule récurrente :

$a_n = \frac{-9(n+\lambda-1)a_{n-1}}{[3(n+\lambda)-1][3(n+\lambda)-2]}$. n>0.

$\lambda_2 = \frac{1}{3} \rightarrow$ 1) $a_n = \frac{(-9n+6)a_{n-1}}{3n(3n-1)]}$ et $\lambda_1 = \frac{2}{3} \rightarrow$ 2) $a_n = \frac{-(9n-3)a_{n-1}}{3n(3n+1)]}$

De 1) on déduit que $a_1 = -\frac{a_0}{2}$ $a_2 = \frac{a_0}{5}$ $a_3 = -\frac{7a_0}{120}$.

$$y_1(x) = x^{\frac{1}{3}}\left(1 - \frac{1}{2}x + \frac{1}{5}x^2 - \frac{7}{120}x^3 + \cdots\right).$$

De 2) on déduit aussi que $a_1 = -\frac{a_0}{2}$ $a_2 = \frac{5a_0}{28}$ $a_3 = -\frac{a_0}{21}$.

$$y_2(x) = x^{\frac{2}{3}}\left(1 - \frac{1}{2}x + \frac{5}{28}x^2 - \frac{1}{21}x^3 + \cdots\right).$$

$$y(x) = c_1 x^{\frac{1}{3}}\left(1 - \frac{1}{2}x + \frac{1}{5}x^2 - \frac{7}{120}x^3 + \cdots\right) + c_2 x^{\frac{2}{3}}\left(1 - \frac{1}{2}x + \frac{5}{28}x^2 - \frac{1}{21}x^3 + \cdots\right).$$

Chapitre 3. Problème des valeurs aux limites et séries de Fourier.

Dans ce chapitre nous allons étudier le problème de valeurs aux limites (P.V.L.) d'une équation différentielle du second ordre, nous ferons aussi une introduction aux séries de Fourier. Nous couvrirons donc l'essentiel de ces deux concepts et utiliserons les résultats au prochain chapitre pour décrire la méthode la plus commune de résolution d'équations aux dérivées partielles. Il reste une grande partie des connaissances sur les P.V.L. et les séries de Fourier qui demandent une longue étude exhaustive et que nous ne pouvons inclure dans ce livre. Voici donc un résumé du contenu de ce chapitre:

-Problème de valeurs aux limites.

-Valeurs propres et fonctions propres.

-Fonctions périodiques et fonctions orthogonales.

 -Série de Fourier:

Série de Fourier d'une fonction périodique continue par partie.

Séries de Fourier sinus sur une demi-période et séries de Fourier cosinus sur une demi-période.

-Convergence de la série de Fourier.

I) Problème de valeurs aux limites (P.V.L).

Avec un problème de valeurs aux limites nous avons la donnée d'une équation différentielle du second ordre et on spécifie la valeur de la solution ou de ses dérivées en différents points.

Nous allons étudier exclusivement les P.V.L. comportant une équation différentielle du second ordre $y'' + q(x)y' + r(x)y = H(x)$ et les conditions aux limites utilisées seront une parmi les quatre conditions aux limites possibles.

1) $y(x_0) = y_0 \quad y(x_1) = y_1$.

2) $y'(x_0) = y_0 \quad y(x_1) = y_1$.

3) $y(x_0) = y_0 \quad y'(x_1) = y_1$.

4) $y'(x_0) = y_0 \quad y'(x_1) = y_1$.

Nous résoudrons dans la plupart des cas des P.V.L. homogènes c'est à dire ou l'équation ainsi que les valeurs aux limites sont homogènes de la forme:

A) $y'' + \lambda y = 0$ λ constante et avec une des conditions aux bornes:

1) $y(x_0) = 0 \quad y(x_1) = 0$.

2) $y'(x_0) = 0 \quad y(x_1) = 0$.

3) $y(x_0) = 0 \quad y'(x_1) = 0$.

4) $y'(x_0) = 0 \quad y'(x_1) = 0$.

Pourquoi se restreindre à ces conditions? Parce que comme nous le verrons plus lion, ce sont le type de condition qu'on rencontre dans les équations différentielles aux dérivées partielles de la physique (équation de la chaleur, équation d'onde, de Laplace..).

Si une des conditions aux limites n'est pas homogène, le P.V.L. sera alors non homogène. Il est donc important de retenir que quand on se réfère à un P.V.L. homogène nous faisons allusion à l'équation ainsi qu'aux valeurs aux limites.

Nous savons par le théorème d'existence des équations différentielles ordinaires que le problème de valeur initiale :

$y'' + q(x)y' + r(x)y = 0$. Avec la condition initiale $y(x_0) = 0$ $y'(x_0) = 0$ a une solution unique tandis que pour un P.V.L. la solution n'es pas garantie. Avec les P.V.L. nous verrons souvent qu'il n'y a pas de solutions ou qu'il y a infinité des solutions et nous essaierons d'en faire une étude systématique de ces solutions. Les conditions aux limites peuvent représenter des conditions aux limites d'un processus physique comme la température aux extrémités d'une barre rigide ou la tension initiale sur une corde bien tendue. Pourquoi nous limitons nous aux P.V.L. de la forme A) et tous les P.V.L ont –ils une équation de cette forme ?

La réponse est évidemment non, mais un tel P.V.L. est très représentatif en plus d'avoir une équation différentielle du second ordre facile à résoudre. Nous résoudrons à l'occasion d'autres P.V.L avec une équation différente mais nous travaillerons la plupart du temps avec le type A).

Une autre raison de se limiter à ce P.V.L. c'est que dans tous les exemples que nous ferons dans le prochain chapitre, on va dériver un P.V.L de la forme A) et qui sera utilisé avec une seconde équation différentielle pour résoudre des équations aux dérivées partielles par séparation de variables.

II) valeurs propres et fonctions propres.

Notons que le P.V.L de la forme A) $y'' + \lambda y = 0$ peut avoir ou non des solutions suivant les valeurs de λ comme on le constatera dans ces deux exemples.

Exemple 1:

Considérons le P.V.L.

$y'' + 4y = 0 \; y(0) = 0 \; y(2\pi) = 0$.

Notons que la solution triviale $y(x) = 0$ existe toujours et d'autre part la solution générale de cette équation différentielle homogène du second ordre est :

$y(x) = c_1 \cos(2x) + c_1 \sin(2x)$ car l'équation caractéristique m^2 + 4m = 0 a pour racines complexes$\pm 2i$.

La première condition aux limites donne $y(0) = c_1 = 0$, donc $y(x) = c_2 \sin(2x)$. Et l'autre condition est vérifiée pour tout valeur de c_2 donc $y(x) = c_2 \sin(2x)$ est notre solution.

Exemple 2

Résoudre le P.V.L. $y'' + 3y = 0$ $y(0) = 0$ $y(2\pi) = 0$.

La solution générale pour ce problème

$y(x) = c_1 \cos(\sqrt{3}x) + c_2 \sin(\sqrt{3}x)$. Avec les conditions initiales:

$c_1 = 0$ et $c_2 \sin(\sqrt{3}(2\pi)) = 0 \rightarrow \sqrt{3}(2\pi) = n\pi$ ou $\sqrt{3} = \frac{n}{2}$ est impossible pour tout n, donc on doit avoir $c_2 = 0$ et la seule solution est la solution triviale y=0. Alors pour $\lambda = 3$ le P.V.L. $y'' + \lambda y = 0$ $y(0) = 0$ $y(2\pi) = 0$ n'a pas de solution non triviale.

Ces deux exemples montrent que le P.V.L. possède des solutions non triviales pour certaines valeurs du paramètre λ et a seulement la solution triviale pour d'autres valeurs. Comme pour une matrice carrée A nous dirons que λ est une valeur propre du P.V.L. s'il existe pour cette valeur une solution non triviale (autre que zéro) et la solution correspondante est dite la fonction propre associée à la valeur de λ. Dans l'exemple 1, 4 est une valeur propre de λ pour le P.V.L. $y'' + \lambda y = 0$ et la fonction propre est $\sin(2x)$. Alors que $\lambda = 3$ n'est pas une valeur propre du même P.V.L. dans l'exemple 2, car pour cette valeur on n'obtient pas d'autre solution que la solution triviale.

Avant de poursuivre faisons une remarque sur racines opposées du polynôme caractéristique d'une équation différentielle homogène d'ordre deux à coefficients constants si les racines de ce polynôme sont opposées et sont données par α et $-\alpha$. Alors $y(x) = c_1 e^{\alpha x} + c_2 e^{-\alpha x}$ or comme l'on a :
$\cosh(\alpha x) = \frac{e^{\alpha x} + e^{-\alpha x}}{2}$, $\sinh(\alpha x) = \frac{e^{\alpha x} - e^{-\alpha x}}{2}$ d'où $e^{\alpha x} = \cosh(\alpha x) + \sinh(\alpha x)$ et $e^{-\alpha x} = \cosh(\alpha x) - \sinh(\alpha x)$.
$y(x) = c_1 (\cosh(\alpha x) + \sinh(\alpha x)) + c_2 (\cosh(\alpha x) - \sinh(\alpha x))$.
$y(x) = (c_1 + c_2)(\cosh(\alpha x) + (c_1 - c_2)(\sinh(\alpha x)$ donc
$y(x) = k_1 (\cosh(\alpha x) + k_2 (\sinh(\alpha x)$. Où $k_1 = c_1 + c_2$ et $k_2 = c_1 - c_2$.
Nous pouvons alors écrire la solution comme combinaison linéaire de

$\coh(\alpha x)$ et $\sinh(\alpha x)$.

Remarque sur les fonctions hyperboliques.

$\cosh(0)=1$ et $\sinh(0)=0$ $\cosh x > 0$ $\forall x$ et $\sinh(x)=0 \leftrightarrow x = 0$.

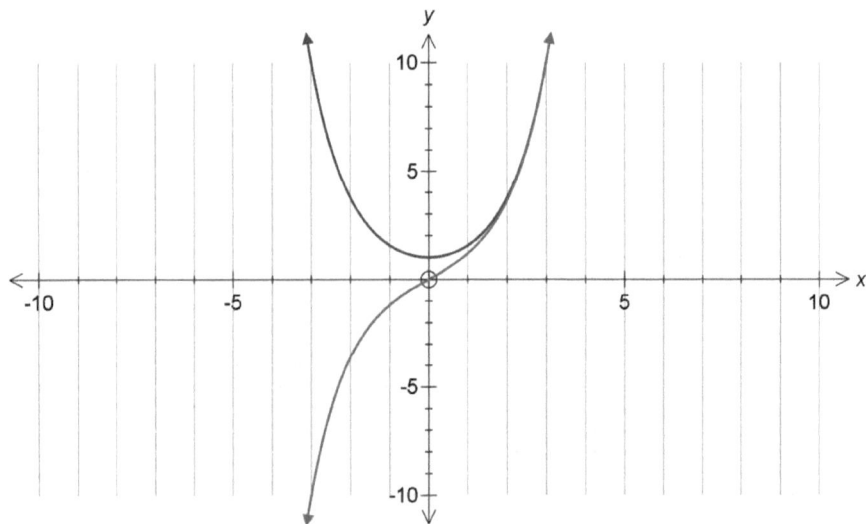

Voici sur le même plan le tracé des deux courbes la courbe bleue représente $\cosh(x)$ et la courbe rouge est celle de $\sinh(x)$

III) Théorème: Solution du P.V.L donné par :

A) $y'' + \lambda y = 0$ $\lambda > 0$ constante et avec une des conditions aux limites

1) $y(0) = 0$ $y(L) = 0$.

2) $y'(0) = 0$ $y(L) = 0$.

3) $y(0) = 0$ $y'(L) = 0$.

4) $y'(0) = 0$ $y'(L) = 0$. Avec L>0.

Énoncé : Le P.V.L de la forme ci-dessus ne possède aucune solution non triviale si $\lambda < 0$.

$\lambda = 0$ est une valeur propre, uniquement pour le P.V.L. avec la condition aux limites 4) $y'(0) = 0$ $y'(L) = 0$ et la fonction propre associée est $y(x) = 1$.

Enfin Si $\lambda > 0$ le P.V.L. possède des solutions non triviales.

Le Tableau suivant illustre dans ce cas, tous les résultats possibles.

Valeur de λ	Type C.L.	Valeur propre	Vecteur propre
$\lambda < 0$	$y(0) = 0$ $y(L) = 0$	∅	∅
	$y'(0) = 0$ $y(L) = 0$	∅	∅
	$y(0) = 0$ $y'(L) = 0$	∅	∅
	$y'(0) = 0$ $y'(L) = 0$	∅	∅
$\lambda = 0$	$y(0) = 0$	∅	∅

	$y(L) = 0$		
	$y'(0) = 0$ $y(L) = 0$	$\emptyset$	$\emptyset$
	$y(0) = 0$ $y'(L) = 0$	$\emptyset$	$\emptyset$
	$y'(0) = 0$ $y'(L) = 0$	0	1
$\lambda > 0.$	$y(0) = 0$ $y(L) = 0$	$\left(\dfrac{n\pi}{L}\right)^2$ $n = 1,2,3..$	$\sin\left(\dfrac{n\pi}{L}\right)x$ $n = 1,2,3 ...$
	$y'(0) = 0$ $y(L) = 0$	$\left(\dfrac{(2n-1)\pi}{2L}\right)^2$ $n = 1,2,3..$	$\cos\left(\dfrac{(2n-1)\pi}{2L}\right)x$ $n = 1,2,3..$
	$y(0) = 0$ $y'(L) = 0$	$\left(\dfrac{(2n-1)\pi}{2L}\right)^2$ $n = 1,2,3..$	$\sin\left(\dfrac{(2n-1)\pi x}{2L}\right)$ $n = 1,2,3$
	$y'(0) = 0$ $y'(L) = 0$	$\left(\dfrac{n\pi}{L}\right)^2$ $n = 1,2,3..$	$\cos\left(\dfrac{n\pi x}{L}\right)$ $n = 1,2,3$

Démonstration.

$\lambda < 0.$

Par la remarque faite sur les racines opposées de l'équation caractéristique, la solution de $y'' + \lambda y = 0$ est : $y(x) = c_1 \cosh(\sqrt{-\lambda}x) + c_2 \sinh(\sqrt{-\lambda}x)$

Avec la condition 1) $y(0) = 0$ $y(L) = 0$ on a $c_1 = 0$ et aussi

$y(x) = c_2 \sinh(\sqrt{-\lambda}L)$ Or $y(L) = 0 \rightarrow c_2 \sinh(\sqrt{-\lambda}L) = 0$ or $\sqrt{-\lambda}L \neq 0$. Alors on a $\sinh(\sqrt{-\lambda}L) \neq 0$ ce qui entraîne $c_2 = 0$.

Il n'y a donc pas de solution autre que la solution triviale y=0.

Si 2) $y'(0) = 0 \quad y(L) = 0 \rightarrow$ la première de ces conditions entraîne $c_2\sqrt{-\lambda} = 0$ donc $c_2=0$ et $y(x) = c_1 \cosh(\sqrt{-\lambda}x)$, si on applique la deuxième condition on obtient :

$c_1 \cosh(\sqrt{-\lambda}L) = 0$ or $\cosh(\sqrt{-\lambda}L) \neq 0$ alors $c_1 = 0$. Nous trouvons encore qu'il n'y a pas de solution non triviale.

De la même façon le lecteur peut vérifier que pour 3) $y(0) = 0 \quad y'(L) = 0$.

On trouve $c_1 = 0$ et $c_2\sqrt{-\lambda}\cosh(\sqrt{-\lambda}L) = 0$. Comme $\cosh(\sqrt{-\lambda}L) > 0 \rightarrow c_2 = 0$. La seule solution est encore $y = 0$

Enfin pour 4) $y'(0) = 0 \quad y'(L) = 0 \quad c_2 = 0$ et $c_1\sqrt{-\lambda}(\sinh(\sqrt{-\lambda}L) = 0 \rightarrow c_1 = 0$ car $\sqrt{-\lambda}L > 0 \quad \sinh(\sqrt{-\lambda}L) \neq 0$

La solution est donc y=0.

$\lambda = 0$.

Dans ce cas l'équation devient $y''(x) = 0$ a pour solution $y(x) = ax + b$, le lecteur vérifiera facilement que pour les valeurs aux limites données par 1) 2) et 3) on trouve $a = b = 0$ et pour 4) $y'(0) = 0 \quad y'(L) = 0$ on a dans ce cas $a = 0$ et $y(x) = b$ qui vérifie la deuxième condition $y'(L) = 0$.

Donc dans ce cas $\lambda = 0$ est une valeur propre du P.V.L. avec la condition aux limites 4) et la fonction propre est 1 car on omet toujours, la constante trouvée devant la fonction propre, ceci étant la convention adoptée.

$\lambda > 0$.

Dans ce cas la solution de $y'' + \lambda y = 0$ est $y(x) = c_1 \cos(\sqrt{\lambda}x) + c_2 \sin(\sqrt{\lambda}x)$.

Avec 1) $y(0) = 0 \quad y(L) = 0 \quad y(0) = 0$ donne $c_1 = 0$ et $y(L) = 0 \to c_2 \sin(\sqrt{\lambda}L)$ comme c_2 ne peut pas égaler 0 car on cherche une solution non triviale $\sin(\sqrt{\lambda}x) = 0 \to \sqrt{\lambda}L = n\pi$, $n = 1,2,3...$ ce qui entraîne :

$\lambda = \left(\frac{n\pi}{L}\right)^2$ $n = 1,2,3..$ sont les valeurs propres et n ne peut pas commencer à 0, car $\lambda > 0$. Les fonctions propres sont donc $sin\left(\frac{n\pi}{L}\right)x$ $n = 1,2,3 ...$

Avec 2) $y'(0) = 0 \quad y(L) = 0$. On trouve en appliquant les conditions :

$c_2\sqrt{\lambda} = 0$ donc $c_2 = 0$ et $y(x) = c_1 \cos(\sqrt{\lambda}x)$ et donc $y(L) = 0 \to \sqrt{\lambda}L = \frac{(2n-1)\pi}{2}$. Alors $\lambda = \left(\frac{(2n-1)\pi}{2L}\right)^2$ $n = 1,2,3..$ sont les valeurs propres et $\cos\left(\frac{(2n-1)\pi}{2L}\right)x$ $n = 1,2,3..$ sont les fonctions propres correspondantes à ces valeurs propres.

La solution avec 3) $y(0) = 0 \quad y'(L) = 0$. La première condition donne

$c_1 = 0, y(x) = c_2 \sin(\sqrt{\lambda}x)$, par la seconde condition $c_2\sqrt{\lambda}\cos(\sqrt{\lambda}L) = 0 \to \cos(\sqrt{\lambda}L) = 0$ car nous cherchons une solution non triviale et pour ceci, on assumera que $c_2 \neq 0$ donc :

$\sqrt{\lambda}L = \frac{(2n-1)\pi}{2}$. Alors $\lambda = \left(\frac{(2n-1)\pi}{2L}\right)^2$ $n = 1,2,3..$ sont les valeurs propres et $\sin\left(\frac{(2n-1)\pi}{2L}\right)x$ $n = 1,2,3..$ sont les fonctions propres correspondantes à ces valeurs propres.

Avec 4) on a $y'(0) = 0 \quad y'(L) = 0$. De $y'(0) = 0$ on déduit que $c_2\sqrt{\lambda} = 0 \to c_2 = 0$ car $\sqrt{\lambda} > 0$ Aussi $y'(L) = 0$ entraîne que :

$-c_1\sqrt{\lambda}\sin(\sqrt{\lambda}L) = 0 \to \sin(\sqrt{\lambda}L) = 0$ car pour la solution non nulle on a nécessairement $c_1 \neq 0$, donc $\sqrt{\lambda}L = n\pi$ $n = 1,2,3$ ...et $\lambda = \left(\frac{n\pi}{L}\right)^2$ $n = 1,2,3..$

sont les valeurs propres et n ne peut pas commencer à 0, car $\lambda > 0$. Les fonctions propres sont : $cos\left(\frac{n\pi}{L}\right) x \ n = 1,2,3 \ldots$

Ceci complète la preuve de ce théorème sur les solutions de ce type de P.V.L.

Exemple 3.

Trouver toutes les valeurs propres et les fonctions propres du P.V.L.

$y'' + 2y = 0 \quad y(0) = 0 \quad y(1) = 0$.

Appliquons systématiquement le tableau des résultats de la page 71, que l'on vient de démontrer. Les conditions sur les valeurs aux limites correspondent à 1) avec L=1 donc les valeurs propres sont $\left(\frac{n\pi}{1}\right)^2 = n^2\pi^2$ les fonctions propres sont $\sin(n\pi x) = 0 \quad n = 1,2,3 \ldots$ Il n'y a donc pas de solution non triviale pour ce P.V.L.

Exemple 4.

Trouver toutes les valeurs propres et les fonctions propres du P.V.L.

$y'' + py = 0 \quad y'(0) = 0 \quad y'(2\pi) = 0 \quad p > 0$.

$\lambda = p$ et $L = 2\pi$, les conditions aux limites correspondent à la condition 4) à la dernière ligne du tableau des résultats. Les valeurs propres sont donc

$\left(\frac{n\pi}{2\pi}\right)^2 = \left(\frac{n}{2}\right)^2$ et les fonctions propres solutions sont $\cos\left(\frac{n}{2}x\right) \quad n = 1,2,3 \ldots$

Exemple 5.

Trouver toutes les valeurs propres et les fonctions propres du P.V.L.

$y'' + 4y = 0 \quad y'(0) = 0 \quad y(2\pi) = 0$.

$L = 2\pi$ $\lambda > 0$. Les conditions aux limites correspondent à la condition 2) tableau page 71, les valeurs propres sont donc. $\left(\frac{(2n-1)}{4}\right)^2$ $n = 1,2,3..$ et les fonctions propres sont $\cos\left(\frac{(2n-1)}{4}x\right)$ $n = 1,2,3 ...$

Exemple 6. P.V.L avec valeur aux limites non homogènes.

Trouver toutes les valeurs propres et les fonctions propres du P.V.L.

$y'' + \lambda y = 0$ $y(-\pi) = y(\pi)$ et 0 $y'(-\pi) = y'(\pi)$.

Les conditions aux limites nous disent que les solutions et leurs dérivées doivent être les mêmes aux limites. Ce type de conditions est généralement définie sur un intervalle $[-L, L]$ ou $[0, L]$ et se rencontre naturellement dans des problèmes de physique comme nous le verrons au prochain chapitre.

Nous devons toujours faire l'analyse de 3 cas dans la résolution.

Si $\lambda > 0$ $y(x) = c_1 \cos(\sqrt{\lambda}x) + c_2 \sin(\sqrt{\lambda}x)$. En utilisant le fait que $\cos(x) = \cos(-x)$ et que $\sin(x) = -\sin(-x)$ on a avec la première des conditions $c_1 \cos(\sqrt{\lambda}\pi) - c_2 \sin(\sqrt{\lambda}\pi) = c_1 \cos(\sqrt{\lambda}\pi) + c_2 \sin(\sqrt{\lambda}\pi)$. Donc :

$2c_2 \sin(\sqrt{\lambda}\pi)=0$. On peut aussi bien avoir $c_2=0$ ou $\sin(\sqrt{\lambda}\pi) = 0$.

Voyons la seconde condition aux limites $y'(-\pi) = y'(\pi)$. On déduit que :

$-\sqrt{\lambda}c_1 \sin(-\sqrt{\lambda}\pi) + c_2\sqrt{\lambda} \cos(-\sqrt{\lambda}\pi) = -\sqrt{\lambda}c_1 \sin(\sqrt{\lambda}\pi) + c_2\sqrt{\lambda} \cos(\sqrt{\lambda}\pi)$

Donc $2\sqrt{\lambda}c_1 \sin(\sqrt{\lambda}\pi)=0$ et par le résultat précédent on a aussi

$2c_2 \sin(\sqrt{\lambda}\pi) = 0$, une solution non triviale existe, si c_1 et c_2 ne sont pas nuls en même temps alors il faut que $\sin(\sqrt{\lambda}\pi) = 0 \rightarrow \lambda = n^2$, $n = 1,2,3..$ et on a dans ce cas deux fonctions propres associées à chaque valeur propre car c_1 et c_2 ne peuvent être tous les deux différents de 0.

Les fonctions propres sont donc $y_n(x) = \cos(nx)$ et $y_n(x) = \sin(nx)$ avec n-1, 2, 3 ... Maintenant pour $\lambda = 0 \to y(x) = ax + b$ et par la première condition $2a\pi = 0$ donc $a = 0$ et $y(x) = b$ satisfait évidemment la deuxième condition, $\lambda = 0$ est donc une valeur propre et la fonction propre correspondante est $y(x) = 1$.

$\lambda < 0$ $y(x) = c_1 \cosh(\sqrt{-\lambda}x) + c_2 \sinh(\sqrt{-\lambda}x)$.

$y(-\pi) = y(\pi)$ donne $2c_2 \sinh(\sqrt{-\lambda}\pi) = 0$ $\sinh(\sqrt{-\lambda}\pi) \neq 0$ $car(\sqrt{-\lambda}) > 0 \to c_2 = 0$. Si $y'(-\pi) = y'(\pi)$ on déduit: $2\sqrt{-\lambda}c_1 \sinh(\sqrt{-\lambda}\pi) = 0$. Comme $\sinh(\sqrt{-\lambda}\pi) \neq 0$ alors $c_1 = 0$. La solution pour $\lambda < 0$ est donc la solution triviale 0.

En résumé les valeurs propres et fonctions propres du P.V.L. sont

$\lambda_n = n^2$ $y_n(x) = \sin(nx)$

$\lambda_n = n^2$ $y_n(x) = \cos(nx)$

$\lambda_0 = 0$ $y_0(x) = 1$.

Exemple 7. P.V.L avec équation du second ordre différente de

$y'' + \lambda y = 0$.

Trouver toutes les valeurs propres et les fonctions propres du P.V.L.

$x^2 y'' + 3xy + \lambda y = 0$ $y(1) = 0$ et $y(2) = 0$.

Ceci est une équation d'Euler nous devons trouver les racines de

$r(r-1) + 3r + \lambda = 0$ ce qui donne $r = \frac{-2 \pm \sqrt{4-4\lambda}}{2}$ = $-1 \pm \sqrt{1-\lambda}$.

Les solutions vont dépendre de la nature des racines de cette équation quadratique si $1 - \lambda < 0 \to \lambda > 1$, les racines complexes sont $-1 \pm i\sqrt{\lambda - 1}$

$y(x) = c_1 x^{-1}\cos(\ln(x)\sqrt{\lambda - 1})) + c_2 x^{-1}\sin(\ln(x)\sqrt{\lambda - 1}))$, $y(1) = 0$ d'où $c_1 \cos(0) + c_2 \sin(0) = c_1 = 0$ et $y(2) = 0 \to \frac{1}{2}c_2 \sin(\ln(2)\sqrt{\lambda - 1}) = 0$. Si

$c_2 \neq 0$ pour ne pas avoir de solution triviale $\ln(2)\sqrt{\lambda - 1}) = n\pi$ $n=1, 2, 3...$

Donc : $\lambda_n = 1 + \left(\frac{n\pi}{\ln(2)}\right)^2$ $n = 1,2,3 ...$ sont les valeurs propres et les fonctions propres sont $y_n = x^{-1}\sin(\ln(x)\frac{n\pi}{\ln(2)})$.

Le second cas où $\lambda = 1$ on a racine double -1 :

$y(x) = c_1 x^{-1} + c_2 x^{-1}\ln(x)$ et $0 = y(1) = c_1$.

$0 = y(2) = \frac{1}{2}c_2\ln(2) = 0$. Donc $c_2 = 0$ et $\lambda = 1$ n'est donc pas une valeur propre du P.V.L.

Troisième cas ou $1 - \lambda > 0 \rightarrow \lambda < 1$ deux racines réelles distinctes :

$y(x) = c_1 x^{1+\sqrt{1-\lambda}} + c_2 x^{1-\sqrt{1-\lambda}}$ $y(1) = 0 \rightarrow c_1 + c_2 = 0$

$y(x) = c_1 x^{1+\sqrt{1-\lambda}} - c_1 x^{1-\sqrt{1-\lambda}} \rightarrow y(2) = c_1(2^{1+\sqrt{1-\lambda}} - 2^{1-\sqrt{1-\lambda}})$

$y(2) = c_1\left(2^{1+\sqrt{1-\lambda}} - \frac{1}{2^{-1+\sqrt{1-\lambda}}}\right) = c_1 \frac{2^{2\sqrt{1-\lambda}}-1}{2^{-1+\sqrt{1-\lambda}}}$, or $2^{2\sqrt{1-\lambda}} - 1 \neq 0$ car

$1-\lambda>0$ donc $c_1 = 0$. On obtient aussi la solution triviale.

En résumé: Les valeurs propres ainsi que les fonctions propres du P.V.L. existent pour $\lambda > 1$.

$\lambda_n = 1 + \left(\frac{n\pi}{\ln(2)}\right)^2$ $n = 1,2,3$ $y_n = c_2 x^{-1}\sin(\ln(x)\frac{n\pi}{\ln(2)})$.

n=1, 2, 3 ...

V) les séries de Fourier.

1) fonctions périodiques, fonctions paires, impaires et fonctions trigonométriques.

Une fonction est dite périodique et de période T si $f(x + t) = f(x)$ $\forall x$ dans le domaine de la variable x. Si $f(x)$ et $g(x)$ sont périodiques et de même période

T, alors $f(x) + g(x)$ et $f(x).g(x)$ est aussi périodique de période T.

On a $f(x + T) + g(x + T) = f(x) + g(x)$, $f(x + T).g(x + T) = f(x)g(x)$.

Les fonctions périodiques les plus familières sont cosinus et sinus et nous allons utiliser ces fonctions tout au long de ce chapitre. Notons que $\cos(ax)$ et $\sin(ax)$ sont aussi périodiques et de période $\frac{2\pi}{a}$.

Rappelons-nous que $\cos(x)$ et une fonction paire et $\sin(x)$ est une fonction impaire. Le graphe d'une fonction paire $f(x) = f(-x)$ $\forall x \in D_f$ est symétrique par rapport à l'axe des y et le graphe d'une fonction impaire $h(-x) = -h(x)$ $\forall x \in D_h$ est symétrique par rapport à l'origine. Ainsi le graphe de $f(x) = x^3$ est symétrique par rapport à l'origine et celui de $g(x) = 4\cos(2x)$ est symétrique par rapport à l'axe des y.

Pour une fonction paire $\int_{-L}^{L} f(x)dx = 2\int_{0}^{L} f(x)dx$ et pour une fonction impaire $\int_{-L}^{L} f(x)dx = 0$. Ce résultat est vrai si on intègre par rapport à un intervalle symétrique [-L, L]. Si l'intervalle d'intégration n'est pas symétrique on peut ou on ne peut pas obtenir ces résultats.

Les concepts que nous allons énoncer à la suite, sont importants pour traiter les séries de Fourier.

2) Fonctions orthogonales.

Deux fonctions $f_i(x)$ et $f_j(x)$ non nulles sont orthogonales si :

$\int_{a}^{b} f_i(x).f_j(x)dx = \begin{cases} 0 & \text{si } i \neq j \\ c > 0 & \text{si } = j \end{cases}$. Notons que $\int_{a}^{b} f_i(x).f_i(x)dx$ est égale à $\int_{a}^{b} \{.f_i(x)\}^2 dx = c > 0$.

Rappelons aussi les trois identités trigonométriques.

1) $\sin\alpha \cos\beta = \frac{1}{2}[\sin(\alpha - \beta) + \sin(\alpha + \beta)]$.

2) $\sin\alpha \sin\beta = \frac{1}{2}[\cos(\alpha - \beta) - \cos(\alpha + \beta)]$.

3) $\cos\alpha \cos\beta = \frac{1}{2}[\cos(\alpha - \beta) + \cos(\alpha + \beta)]$.

3) Lemme sur l'orthogonalité des fonctions trigonométriques.
Si L>0.

a) L'ensemble $\left\{\cos(\frac{n\pi x}{L})\right\}$ n= 0, 1, 2, 3... forme un ensemble de fonctions mutuellement orthogonales sur [-L, L] ainsi que sur [0, L].

b) L'ensemble $\left\{\sin(\frac{n\pi x}{L})\right\}$ n= 1, 2, 3... forme un ensemble de fonctions mutuellement orthogonales sur [-L, L] ainsi que sur [0, L].

c) L'ensemble $\left\{\left\{\cos(\frac{n\pi x}{L})\right\}, \left\{\sin(\frac{n\pi x}{L})\right\}\right\}$ n=1, 2, 3...forme un ensemble de fonctions mutuellement orthogonales sur [-L, L].

Démonstration. Pour montrer le lemme nous allons établir les résultats suivants :

1) $\int_{-L}^{L} \cos\left(\frac{n\pi x}{L}\right) \cdot \cos(\frac{m\pi x}{L}) dx = 2\int_{0}^{L} \cos\left(\frac{n\pi x}{L}\right) \cdot \cos(\frac{m\pi x}{L}) dx$ et est égale à
$\begin{cases} 2L \text{ si } m = n = 0 \\ L \text{ si } m = n \\ 0 \text{ si } m \neq n \end{cases}$

2) $\int_{-L}^{L} \sin\left(\frac{n\pi x}{L}\right) \cdot \sin(\frac{m\pi x}{L}) dx = 2\int_{0}^{L} \sin\left(\frac{n\pi x}{L}\right) \cdot \sin(\frac{m\pi x}{L}) dx$ et est égale à
$\begin{cases} L \text{ si } n = m \\ 0 \text{ si } n \neq m \end{cases}$

3) $\int_{-L}^{L} \sin\left(\frac{n\pi x}{L}\right) \cdot \cos\left(\frac{m\pi x}{L}\right) dx = 0$.

Commençons par 1). Le produit des cosinus étant une fonction paire comme produit des fonctions paires nous avons donc :

$\int_{-L}^{L} \cos\left(\frac{n\pi x}{L}\right) \cdot \cos(\frac{m\pi x}{L}) dx = 2\int_{0}^{L} \cos\left(\frac{n\pi x}{L}\right) \cdot \cos(\frac{m\pi x}{L}) dx$.

Si $n = m = 0$ on déduit que $\int_{-L}^{L} dx = 2\int_{0}^{l} dx = 2L$.

$n = m$ l'intégrale devient $\int_{-L}^{L} \cos\left(\frac{n\pi x}{L}\right)^2 dx = 2\int_{0}^{L} \cos\left(\frac{n\pi x}{L}\right)^2 dx$

et $2\int_{0}^{L} \cos\left(\frac{n\pi x}{L}\right)^2 dx = \int_{0}^{L}[1 + \cos\left(\frac{2n\pi x}{L}\right)]dx = [x + \frac{L}{2n\pi}\sin\left(\frac{2n\pi x}{L}\right)]_{0}^{L}$

$[x + \frac{L}{2n\pi}\sin\left(\frac{2n\pi x}{L}\right)]_{0}^{L} = L + \frac{L}{2n\pi}\sin(2n\pi) - 0 = L$ car $\sin(2n\pi) = 0 \,\forall n \in \mathbb{N}$.

Si $n \neq m$ démontrons que $\int_{-L}^{L} \cos\left(\frac{n\pi x}{L}\right) \cdot \cos(\frac{m\pi x}{L})dx$ est égale à Zéro.

$\int_{-L}^{L} \cos\left(\frac{n\pi x}{L}\right) \cdot \cos(\frac{m\pi x}{L})dx = 2\int_{0}^{L} \cos\left(\frac{n\pi x}{L}\right) \cdot \cos(\frac{m\pi x}{L}) dx$ donc

$\int_{-L}^{L} \cos\left(\frac{n\pi x}{L}\right) \cdot \cos(\frac{m\pi x}{L})dx = \frac{L}{(n-m)\pi}[\sin\frac{(n-m)\pi x}{L}]_{0}^{L} + \frac{L}{(n+m)\pi}[\sin\frac{(n+m)\pi x}{L}]_{0}^{L} =$

$\left[\frac{L}{(n-m)\pi}\sin(n-m)\pi - 0\right] + \left[\frac{L}{(n+m)\pi}\sin(n+m)\pi - 0\right] = 0$. Ce qui prouve 1)

et par conséquent la partie a) du Lemme.

2) Le produit de deux sinus étant une fonction paire comme produit de deux fonctions impaires et vu que nous intégrons sur un intervalle symétrique [L, L].

Alors $\int_{-L}^{L} \sin\left(\frac{n\pi x}{L}\right) \cdot \sin(\frac{m\pi x}{L})dx = 2\int_{0}^{L} \sin\left(\frac{n\pi x}{L}\right) \cdot \sin(\frac{m\pi x}{L}) dx$.

Si $n = m$ $\int_{-L}^{L} \sin\left(\frac{n\pi x}{L}\right)^2 = 2\int_{0}^{L} \sin\left(\frac{n\pi x}{L}\right)^2 dx = \int_{0}^{L}[1 - \cos\left(\frac{2n\pi x}{L}\right)]dx$.

$\int_{0}^{L}[1 - \cos\left(\frac{2n\pi x}{L}\right)]dx = [x - \frac{L}{2n\pi}\sin\left(\frac{2n\pi x}{L}\right)]_{0}^{L} = L - \frac{L}{2n\pi}\sin(2n\pi) - 0 = L$.

Si $n \neq m$ $\int_{-L}^{L} \sin\left(\frac{n\pi x}{L}\right) \cdot \sin(\frac{m\pi x}{L})dx = 2\int_{0}^{L} \sin\left(\frac{n\pi x}{L}\right) \cdot \sin(\frac{m\pi x}{L}) dx$

$\int_{-L}^{L} \sin\left(\frac{n\pi x}{L}\right) \cdot \sin\left(\frac{m\pi x}{L}\right) dx = 2\int_{0}^{L} \sin\left(\frac{n\pi x}{L}\right) \cdot \sin(\frac{m\pi x}{L}) dx = \int_{0}^{L}[\cos\left(\frac{(n-m)\pi x}{L}\right) -$

$\cos(\frac{(n+m)\pi x}{L}]dx = \frac{L}{(n-m)\pi}\left[\sin\frac{(n-m)\pi x}{L}\right]_{0}^{L} - \frac{L}{(n+m)\pi}\left[\sin\frac{(n+m)\pi x}{L}\right]_{0}^{L} =$

$\left[\frac{L}{(n-m)\pi}\sin(n-m)\pi - 0\right] - \left[\frac{L}{(n+m)\pi}\sin(n+m)\pi - 0\right] = 0$.

Donc si $n \neq m$ on a :

$$\int_{-L}^{L} \sin\left(\frac{n\pi x}{L}\right).\sin(\frac{m\pi x}{L})dx = 2\int_{0}^{L} \sin\left(\frac{n\pi x}{L}\right).\sin(\frac{m\pi x}{L})dx = 0.$$

Ce qui prouve 2) et la partie b) du Lemme.

Pour compléter la preuve du lemme et prouver la partie c) on a prouvé par 1) et 2) que chaque ensemble $\left\{\cos(\frac{n\pi x}{L})\right\}$ n=0,1,2,3... et $\left\{\sin(\frac{n\pi x}{L})\right\}$ n=1,2,3... est un ensemble de fonctions mutuellement orthogonales sur [-L, L] et [0, L] il suffit pour prouver c) de montrer que $\left\{\left\{\cos(\frac{n\pi x}{L})\right\},\left\{\sin(\frac{n\pi x}{L})\right\}\right\}$ est une ensemble de fonctions mutuellement orthogonales, c'est-à-dire que si l'on compose des éléments de chaque ensemble on trouve : $\int_{-L}^{L} \sin\left(\frac{n\pi x}{L}\right).\cos\left(\frac{m\pi x}{L}\right)dx = 0$. Ce qui revient à vérifier que 3) est vrai, ce qui est le cas car le produit $\sin\left(\frac{n\pi x}{L}\right).\cos\left(\frac{m\pi x}{L}\right)$ est une fonction impaire et l'intégrale de cette fonction sur un intervalle symétrique [-L, L] vaut 0.

4) Résumé.

Nous serons appelé à utiliser le lemme et donc il est conseillé de le mémoriser, voici un résumé des résultats qu'on a vu dans cette section.

$\left\{\cos\left(\frac{n\pi x}{L}\right)\right\}$, $\left\{\sin(\frac{n\pi x}{L})\right\}$ n=1, 2, 3...forme un ensemble de fonctions mutuellement orthogonales sur l'intervalle [-L, L].

$\left\{\cos\left(\frac{n\pi x}{L}\right)\right\}$ n=0,1, 2, 3... est un ensemble de fonctions mutuellement orthogonales sur les deux intervalles [-L, L] et [0, L]

$\left\{\sin\left(\frac{n\pi x}{L}\right)\right\}$ n=1, 2, 3... est un ensemble de fonctions mutuellement orthogonales sur les deux intervalles [-L, L] et [0, L].

$$\int_{-L}^{L} \cos\left(\frac{n\pi x}{L}\right) \cdot \cos\left(\frac{m\pi x}{L}\right) dx = \begin{cases} 2L \text{ si } m = n = 0 \\ L \text{ si } m = n \neq 0 \\ 0 \text{ si } m \neq n \end{cases}$$

$$\int_{0}^{L} \cos\left(\frac{n\pi x}{L}\right) \cdot \cos\left(\frac{m\pi x}{L}\right) dx = \begin{cases} L \text{ si } m = n = 0 \\ \frac{L}{2} \text{ si } m = n \\ 0 \text{ si } m \neq n \end{cases}$$

$$\int_{-L}^{L} \sin\left(\frac{n\pi x}{L}\right) \cdot \sin\left(\frac{m\pi x}{L}\right) dx = \begin{cases} L \text{ si } m = n \\ 0 \text{ si } m \neq n \end{cases}$$

$$\int_{0}^{L} \sin\left(\frac{n\pi x}{L}\right) \cdot \sin\left(\frac{m\pi x}{L}\right) dx = \begin{cases} \frac{l}{2} \text{ si } m = n \\ 0 \text{ si } m \neq n \end{cases}$$

$$\int_{-L}^{L} \cos\left(\frac{n\pi x}{L}\right) \cdot \sin\left(\frac{m\pi x}{L}\right) dx = 0.$$

Nous allons aborder maintenant, l'essentiel des connaissances sur les séries de Fourier que nous utiliserons au chapitre suivant pour résoudre des équations différentielles aux dérivées partielles.

5) Définition : Série de Fourier d'une fonction périodique.

Soit $f(x)$ une fonction périodique, de période 2L admettant une série de Fourier sur l'intervalle [-L, L] alors la série de Fourier de $f(x)$ est donnée par $f(x) = a_0 + \sum_{n=1}^{\infty} \left(a_n \cos\frac{n\pi x}{L} + b_n \sin\frac{n\pi x}{L} \right).$

$a_0 = \frac{1}{2L}\int_{-L}^{L} f(x)dx \quad a_n = \frac{1}{L}\int_{-L}^{L} f(x)\cos\frac{n\pi x}{L}dx \quad n=1, 2, 3...$

$b_n = \frac{1}{L}\int_{-L}^{L} f(x)\sin\frac{n\pi x}{L}dx \quad n=1, 2, 3...$

Nous étudierons plus tard les conditions d'existence et de convergence de la série de Fourier. Nous admettrons pour le moment que cette série existe et converge vers $f(x)$ en tout point de [-L, L] où $f(x)$ est continue. Nous allons voir que les coefficients de la série de Fourier n'ont pas été définis arbitrairement et qu'on peut déduire l'expression de ces coefficients.

Voici comment, supposons que la fonction périodique $f(x)$, de période 2L possède une représentation en série qui est donnée par

$$f(x) = A_0 + \sum_{n=1}^{\infty} \left(A_n \cos \frac{n\pi x}{L} + B_n \sin \frac{n\pi x}{L} \right) \quad (1).$$

On suppose en plus que la série converge uniformément sur [-L, L], multiplions les deux membres de l'égalité par $\cos \frac{m\pi x}{L}$ et integrons de deux côtés, on obtient

$$\int_{-L}^{L} f(x) \cos \frac{m\pi x}{L} dx =$$

$$A_0 \int_{-L}^{L} \cos \frac{m\pi x}{L} dx + \int_{-L}^{L} \cos \frac{m\pi x}{L} \sum_{n=1}^{\infty} \left(A_n \cos \frac{n\pi x}{L} dx + B_n \sin \frac{n\pi x}{L} \right) dx.$$

La série de droite peut être intégrée terme à terme sous l'hypothèse de convergence uniforme on a ainsi :

$$\int_{-L}^{L} f(x) \cos \frac{m\pi x}{L} dx = A_0 \int_{-L}^{L} \cos \frac{m\pi x}{L} dx + \sum_{n=1}^{\infty} A_n \int_{-L}^{L} \cos \frac{m\pi x}{L} \cos \frac{n\pi x}{L} dx$$

$$+ \sum_{n=1}^{\infty} B_n \int_{-L}^{L} \cos \frac{m\pi x}{L} \sin \frac{n\pi x}{L} dx.$$ Mais nous avons d'une part :

$$\int_{-L}^{L} \cos \frac{m\pi x}{L} dx = \left[\frac{L}{m\pi} \sin \frac{m\pi x}{L} \right]_{-L}^{L} = \frac{L}{m\pi} (\sin(m\pi) - \sin(-m\pi)) = 0.$$

Et par le lemme sur l'orthogonalité des fonctions périodiques nous avons aussi :

$\int_{-L}^{L} \cos\frac{m\pi x}{L} \cos\frac{n\pi x}{L} dx = \begin{cases} L \text{ si } n = m \\ 0 \text{ si } n \neq m \end{cases}$ et $\int_{-L}^{L} \cos\frac{m\pi x}{L} \sin\frac{n\pi x}{L} dx = 0$. En tenant compte de tout ceci on déduit que :

$\int_{-L}^{L} f(x) \cos\frac{m\pi x}{L} dx = LA_m \rightarrow \frac{1}{L}\int_{-L}^{L} f(x) \cos\frac{m\pi x}{L} dx = A_m \quad m = 1,2,3 \ldots$

Par un raisonnement identique en multipliant les deux membres de l'égalité (1) par $\sin\frac{m\pi x}{L}$ cette fois, et en tenant compte que :

$\int_{-L}^{L} \sin\left(\frac{n\pi x}{L}\right) \cdot \sin(\frac{m\pi x}{L}) dx = \begin{cases} L \text{ si } m = n \\ 0 \text{ si } m \neq n \end{cases}$ nous arrivons au résultat :

$\int_{-L}^{L} f(x) \sin\frac{m\pi x}{L} dx = -\frac{A_0 L}{m\pi}\left[\cos\frac{m\pi x}{L}\right]_{-L}^{L} + LB_m = -\frac{A_0 L}{m\pi}(\cos(m\pi) - \cos(-m\pi)) + LB_m = LB_m$.

Donc on tire que : $\frac{1}{L}\int_{-L}^{L} f(x) \sin\frac{m\pi x}{L} dx = B_m$.

Finalement on a aussi en intégrant les deux membres de (1).

$\int_{-L}^{L} f(x) dx = A_0 \int_{-L}^{L} dx + \sum_{n=1}^{\infty} A_n \int_{-L}^{L} \cos\frac{n\pi x}{L} dx + \sum_{n=1}^{\infty} B_n \int_{-L}^{L} \sin\frac{n\pi x}{L} dx$.

Comme on a $\int_{-L}^{L} \cos\frac{n\pi x}{L} dx = 0$ et aussi $\int_{-L}^{L} \sin\frac{n\pi x}{L} dx = 0$. Alors on déduit que $\int_{-L}^{L} f(x) dx = A_0 2L + 0 + 0 = A_0 2L$ et $\frac{1}{2L}\int_{-L}^{L} f(x) dx = A_0$.

On a donc prouvé ainsi, les formules des coefficients de Fourier.

Dans les exemples suivants nous allons montrer le travail à faire pour déterminer les séries de Fourier d'une fonction périodique.

Exemple 1.

Trouver la série de Fourier de $f(x) = \begin{cases} 1 & -\pi < x < 0 \\ 0 & 0 < x < \pi \end{cases}$ et de période 2π

Voici le graphe de la fonction sur $[-\pi, \pi]$.

Graphe de $f(x)$

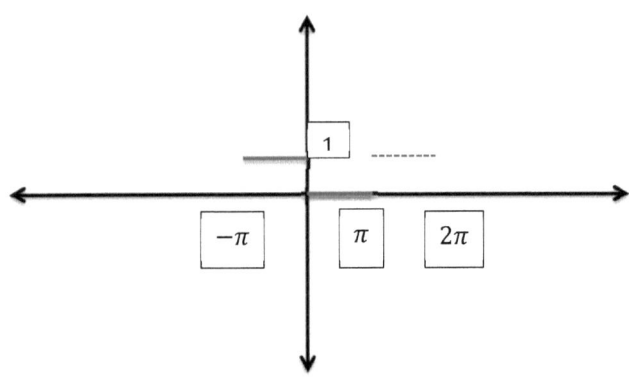

Série de Fourier.

Trouvons les coefficients d'après la formule on a $L = \pi$ demi-période.

$a_0 = \frac{1}{2\pi}\int_{-\pi}^{\pi} f(x)dx = \frac{1}{2\pi}\int_{-\pi}^{0} 1 dx + \frac{1}{2\pi}\int_{0}^{\pi} 0 dx = \frac{1}{2}.$

$a_n = \frac{1}{\pi}\int_{-\pi}^{\pi} f(x)\cos(nx)\,dx = \frac{1}{\pi}\int_{-\pi}^{0} \cos(nx)dx + \frac{1}{\pi}\int_{0}^{\pi} 0 dx = \frac{1}{n\pi}[\sin(nx)]_{-\pi}^{0} = $

0 donc $a_n = 0 \; n = 1,2,3 \ldots$

$b_n = \frac{1}{\pi}\int_{-\pi}^{\pi} f(x)\sin(nx)dx = \frac{1}{\pi}\int_{-\pi}^{0} \sin(nx)dx + \frac{1}{\pi}\int_{0}^{\pi} 0 dx = -\frac{1}{n\pi}[\cos(nx)]_{-\pi}^{0}$

$b_n = \frac{1}{n\pi}((-1)^n - 1).$

Si n est pair $b_n=0$ ou $b_n=\frac{-2}{n\pi}$ si n est impair.

Par souci de clarté il serait bon de faire un tableau.

n	1	2	3	4	5
a_n	0	0	0	0	0
b_n	$\frac{-2}{\pi}$	0	$\frac{-2}{3\pi}$	0	$\frac{-2}{5\pi}$

Donc la série de Fourier de cette fonction est

$f(x) = \frac{1}{2} - \frac{2}{\pi}(\sin(x) + \frac{1}{3}\sin(3x) + \frac{1}{5}\sin(5x) + \cdots$. Ou bien, $f(x) = \frac{1}{2} - \frac{2}{\pi}\sum_{k=0}^{\infty} \frac{\sin((2k+1)x)}{(2k+1)}$.

Exemple 2.

Utiliser la série de Fourier trouvée précédemment pour déduire une série pour $\frac{\pi}{4}$.

Si $x = \frac{\pi}{2}$ on a par définition que :

$f\left(\frac{\pi}{2}\right) = 0$, et $f\left(\frac{\pi}{2}\right) = \frac{1}{2} - \frac{2}{\pi}(\sin\left(\frac{\pi}{2}\right) + \frac{1}{3}\sin\left(3\frac{\pi}{2}\right) + \frac{1}{5}\sin\left(5\frac{\pi}{2}\right) + \cdots$

$0 = \frac{1}{2} - \frac{2}{\pi}\left(\sin\left(\frac{\pi}{2}\right) + \frac{1}{3}\sin\left(3\frac{\pi}{2}\right) + \frac{1}{5}\sin\left(5\frac{\pi}{2}\right) + \cdots\right)$ d'où on déduit.

$\frac{\pi}{4} = \sin\left(\frac{\pi}{2}\right) + \frac{1}{3}\sin\left(3\frac{\pi}{2}\right) + \frac{1}{5}\sin\left(5\frac{\pi}{2}\right) + \cdots = 1 - \frac{1}{3} + \frac{1}{5} - \frac{1}{7} + \cdots$

Exemple 3.

Tracer le graphe de la fonction dans l'intervalle $[-3\pi, 3\pi]$ si

$f(x) = \begin{cases} 0 & -\pi < x < 0 \\ x & 0 < x < \pi \end{cases}$ et de période 2π.

Graphe de $f(x)$

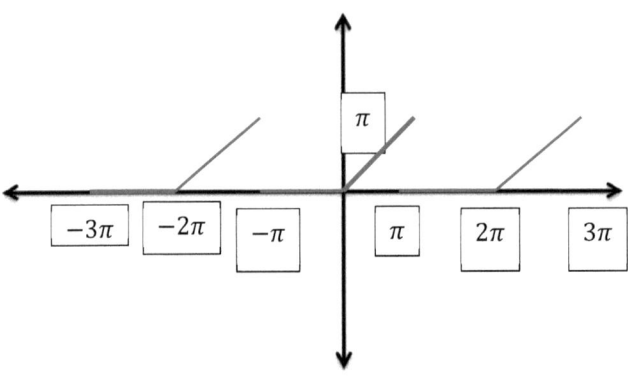

Série de Fourier.

L= π

$a_0 = \frac{1}{2\pi}\int_{-\pi}^{\pi} f(x)dx = \frac{1}{2\pi}\int_{-\pi}^{0} 0\,dx + \frac{1}{2\pi}\int_{0}^{\pi} x\,dx = \frac{1}{2\pi}\left(\frac{\pi^2}{2} - 0\right) = \frac{\pi}{4}.$

$a_n = \frac{1}{\pi}\int_{-\pi}^{\pi} f(x)\cos(nx)\,dx = \frac{1}{\pi}\int_{-\pi}^{0} 0.\cos(nx)\,dx + \frac{1}{\pi}\int_{0}^{\pi} x\cos(nx)dx$

$a_n = \frac{1}{\pi}\int_{0}^{\pi} x\cos(nx)dx = \frac{1}{\pi}[x\frac{\sin(nx)}{n}]_0^\pi - \frac{1}{\pi}\int_{0}^{\pi} \frac{\sin(nx)}{n}dx$ donc

$a_n = \frac{1}{\pi}[x\frac{\sin(nx)}{n}]_0^\pi - \frac{1}{\pi}\int_{0}^{\pi} \frac{\sin(nx)}{n}dx \;=\; \frac{1}{\pi}\left(\frac{\sin(n\pi)}{\pi} - 0\right) + \frac{1}{\pi n^2}(\cos(n\pi) -$

1) $\to a_n = \frac{1}{\pi}(0 - 0) + \frac{1}{n^2\,\pi}(\cos(n\pi) - 1) = \frac{1}{n^2\,\pi}(\cos(n\pi) - 1).$

Or $\cos(n\pi) = (-1)^n$ donc $a_n = \frac{1}{n^2\,\pi}((-1)^n - 1).$

C'est à dire $a_n = \begin{cases} 0, & n \text{ pair} \\ \frac{-2}{n^2 \pi} & n \text{ impair} \end{cases}$

$b_n = \frac{1}{\pi} \int_{-\pi}^{\pi} f(x) \sin(nx) \, dx = \frac{1}{\pi} \int_{-\pi}^{0} 0 \cdot \sin(nx) \, dx + \frac{1}{\pi} \int_{0}^{\pi} x \sin(nx) \, dx$

$b_n = \frac{1}{\pi} \int_{0}^{\pi} x \sin(nx) \, dx = \frac{1}{\pi} [-x \frac{\cos(nx)}{n}]_0^{\pi} - \frac{1}{\pi} \int_{0}^{\pi} \frac{-\cos(nx)}{n} \, dx =$

$b_n = \frac{1}{\pi} [-x \frac{\cos(nx)}{n}]_0^{\pi} - \frac{1}{\pi} \int_{0}^{\pi} \frac{-\cos(nx)}{n} \, dx = \frac{1}{\pi} \{ -\frac{1}{n}(\pi \cos(n\pi) - 0) +$

$\frac{1}{\pi n^2}(\sin(n\pi) - 0) \} \rightarrow b_n = -\frac{1}{n} \cos(n\pi) + \frac{1}{n^2 \pi}(0 - 0) = \frac{1}{n}(-1)^n$.

car $\cos(n\pi) = (-1)^n$. C'est à dire $b_n = \begin{cases} -\frac{1}{n}, & n \text{ pair} \\ \frac{1}{n}, & n \text{ impair} \end{cases}$

On a donc le tableau.

n	1	2	3	4	5
a_n	$\frac{-2}{\pi}$	0	$\frac{-2}{\pi} \cdot \frac{2}{3^2}$	0	$\frac{-2}{\pi} \cdot \frac{2}{5^2}$
b_n	1	$-\frac{1}{2}$	$\frac{1}{3}$	$-\frac{1}{4}$	$\frac{1}{5}$

.

$f(x) = \frac{\pi}{4} + \left(\frac{-2}{\pi}\right) \cos(x) + 0 \cos(2x) + \left(\frac{-2}{\pi} \cdot \frac{2}{3^2}\right) \cos(3x) + 0 \cos(4x) +$

$\left(\frac{-2}{\pi} \cdot \frac{2}{5^2}\right) \cos(5x) + \cdots + \sin(x) - \frac{1}{2} \sin(2x) + \frac{1}{3} \sin(3x) - \frac{1}{4} \sin(4x) +$

$\frac{1}{5} \sin(5x) + \cdots$

$$f(x) = \frac{\pi}{4} + \left(\frac{-2}{\pi}\right)\left[\cos(x) + \left(\frac{1}{3^2}\right)\cos(3x) + \frac{1}{5^2}\cos(5x) + \cdots\right]$$

$$+ \left[\sin(x) - \frac{1}{2}\sin(2x) + \frac{1}{3}\sin(3x) - \frac{1}{4}\sin(4x) + \frac{1}{5}\sin(5x)\ldots\right]$$

Exemple 4.

Utiliser la série de Fourier trouvée à l'exemple 3 pour prouver que :

$$\frac{\pi^2}{8} = 1 + \frac{1}{3^2} + \frac{1}{5^2} + \frac{1}{7^2} + \cdots$$

Comparons cette série avec

$$f(x) = \frac{\pi}{4} + \left(\frac{-2}{\pi}\right)\left[\cos(x) + \left(\frac{1}{3^2}\right)\cos(3x) + \frac{1}{5^2}\cos(5x) + \cdots\right] + \left[\sin(x) - \frac{1}{2}\sin(2x) + \frac{1}{3}\sin(3x) - \frac{1}{4}\sin(4x) + \frac{1}{5}\sin(5x) + \cdots\right].$$

Nous devons utiliser les coefficients de la série en $\cos(nx)$ et donc la valeur de x à choisir, doit rendre les $\cos(nx)$ égaux à 1 et les sin(nx) égaux à 0. Cette valeur de x est donc 0. Aussi par le graphe de $f(x)$, on voit que $f(0) = 0$. Alors :

$$0 = \frac{\pi}{4} + \left(\frac{-2}{\pi}\right)\left[1 + \frac{1}{3^2} + \frac{1}{5^2} + \frac{1}{7^2} + \cdots\right] + 0 - 0 + 0 - 0\ldots$$

$$\left(\frac{2}{\pi}\right)\left[1 + \frac{1}{3^2} + \frac{1}{5^2} + \frac{1}{7^2} + \cdots\right] = \frac{\pi}{4}, \text{ et donc : } \frac{\pi^2}{8} = 1 + \frac{1}{3^2} + \frac{1}{5^2} + \frac{1}{7^2} + \cdots$$

Exemple 5.

Tracer le graphe de la fonction dans l'intervalle [-2π, 2π] si

$$f(x) = \begin{cases} x & 0 < x < \pi \\ \pi & \pi < x < 2\pi \end{cases}, \text{ et de période } 2\pi.$$

Graphe de $f(x)$

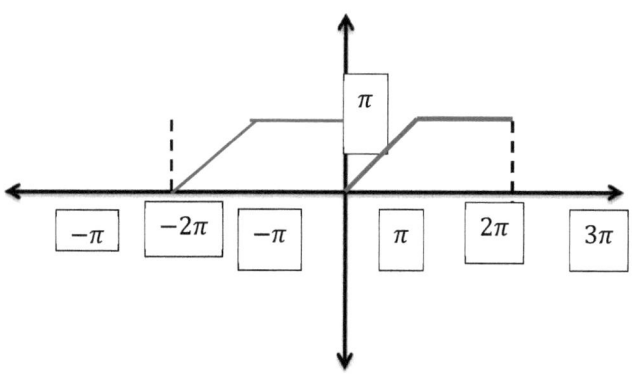

Série de Fourier.

L= π

$$a_0 = \frac{1}{2\pi}\int_0^{2\pi} f(x)dx = \frac{1}{2\pi}\int_0^{\pi} x dx + \frac{1}{2\pi}\int_\pi^{2\pi} \pi dx = \frac{1}{2\pi}\left(\frac{\pi^2}{2}-0\right) + \frac{1}{2\pi}(2\pi^2 - \pi^2)$$

Donc $a_0 = \frac{3}{4}\pi$.

$$a_n = \frac{1}{\pi}\int_0^{2\pi} f(x)\cos(nx)\,dx = \frac{1}{\pi}\int_0^{\pi} x.\cos(nx)\,dx + \frac{1}{\pi}\int_\pi^{2\pi} \pi\cos(nx)dx$$

$$a_n = \frac{1}{\pi}[x\frac{\sin(nx)}{n}]_0^\pi - \frac{1}{\pi}\int_0^\pi \frac{\sin(nx)}{n}dx + \frac{\pi}{\pi}[\frac{\sin(nx)}{n}]_\pi^{2\pi}$$

$$a_n = \frac{1}{\pi}\left[\frac{1}{n}(\pi\sin(n\pi) - 0\sin(n0) - [-\frac{\cos(nx)}{n^2}]_0^\pi\right] + \frac{1}{n}(\sin(2n\pi) - \sin(n\pi))$$

donc $a_n = \frac{1}{\pi}\left[\frac{1}{n}(0-0) + (\frac{\cos(n\pi)}{n^2} - \frac{\cos(0)}{n^2})\right] + \frac{1}{n}(0-0) = \frac{1}{n^2\pi}(-1)^n - 1)$

$$a_n = \begin{cases} 0, n\ pair \\ -\frac{2}{n^2\pi}, n\ impair \end{cases}$$

$$b_n = \frac{1}{\pi}\int_0^{2\pi} f(x)\sin(nx)\,dx = \frac{1}{\pi}\int_0^{\pi} x.\sin(nx)\,dx + \frac{1}{\pi}\int_\pi^{2\pi} \pi\sin(nx)dx$$

$$b_n = \frac{1}{\pi}[x\frac{-\cos(nx)}{n}]_0^\pi - \frac{1}{\pi}\int_0^\pi \frac{-\cos(nx)}{n}dx + \frac{\pi}{\pi}[\frac{-\cos(nx)}{n}]_\pi^{2\pi}$$

$$b_n = \frac{1}{\pi}\left[\frac{1}{n}(-\pi\cos(n\pi) + 0\cos(n0) + \frac{1}{n^2}(\sin(n\pi) - \sin 0)\right] - \frac{1}{n}(\cos(2n\pi) -$$

$\cos(n\pi)$ donc $b_n = -\frac{1}{n}(-1)^n + 0 - \frac{1}{n}(1-(-1)^n) = \frac{-1}{n}$.

La série de Fourier de cette fonction est donnée par :

$$f(x) = a_0 + \sum_{n=1}^\infty \left(a_n \cos\frac{n\pi x}{L} + b_n \sin\frac{n\pi x}{L}\right)$$

$a_0 = \frac{3}{4}\pi$

$a_n = \begin{cases} 0, n \text{ pair} \\ -\frac{2}{n^2\pi}, n \text{ impair} \end{cases}$ $b_n = -\frac{1}{n}$

On a alors la compilation.

n	1	2	3	4	5
a_n	$\frac{-2}{\pi}$	0	$\frac{-2}{\pi}.\frac{1}{3^2}$	0	$\frac{-2}{\pi}.\frac{1}{5^2}$
b_n	-1	$-\frac{1}{2}$	$-\frac{1}{3}$	$-\frac{1}{4}$	$-\frac{1}{5}$.

Cette table des coefficients donne

$$f(x) = \frac{3\pi}{4} + \left(\frac{-2}{\pi}\right)\left[\cos(x) + \frac{1}{3^2}\cos(3x) + \frac{1}{5^2}\cos(5x) + \cdots\right] + (-1)\left[\sin(x) + \frac{1}{2}\sin(2x) + \frac{1}{3}\sin(3x) + \frac{1}{4}\sin(4x) + \cdots\right]$$

Exemple 6.

Tracer le graphe de la fonction périodique et de période 2π $f(x) = \frac{x}{2}$ sur l'intervalle $[0, 2\pi]$ et trouver sa série de Fourier.

Graphe de $f(x)$

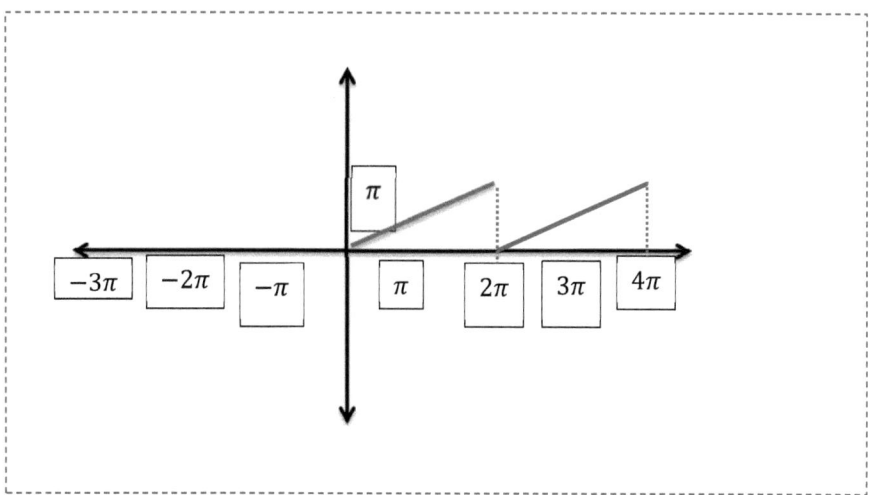

Série de Fourier.

$L = \pi$

$a_0 = \frac{1}{2\pi} \int_0^{2\pi} f(x)dx = \frac{1}{2\pi} \int_0^{2\pi} \frac{x}{2} dx = \frac{1}{2\pi}(\frac{(2\pi)^2}{4} - 0) = \frac{1}{2}\pi$ donc $a_0 = \frac{1}{2}\pi$.

$a_n = \frac{1}{\pi} \int_0^{2\pi} f(x) \cos(nx)\, dx = \frac{1}{\pi} \int_0^{2\pi} \frac{x}{2} \cdot \cos(nx)\, dx$

$a_n = \frac{1}{2\pi} [x \frac{\sin(nx)}{n}]_0^{2\pi} - \frac{1}{2\pi} \int_0^{2\pi} \frac{\sin(nx)}{n} dx$

$a_n = \frac{1}{2\pi} \left[\frac{1}{n}(2\pi \sin(n\pi)) - 0 \sin(n0) - [-\frac{\cos(nx)}{n^2}]_0^{2\pi} \right]$

$a_n = \frac{1}{2\pi} \left[\frac{1}{n}(0 - 0) + \frac{1}{n^2}(\cos(2n\pi) - \cos(0) \right] = 0$

$$b_n = \frac{1}{\pi}\int_0^{2\pi} f(x)\sin(nx)\,dx = \frac{1}{\pi}\int_0^{2\pi} \frac{x}{2}\cdot\sin(nx)\,dx$$

$$b_n = \frac{1}{2\pi}[-x\frac{\cos(nx)}{n}]_0^{2\pi} - \frac{1}{2\pi}\int_0^{2\pi} -\frac{\cos(nx)}{n}\,dx \;\; et\; donc\; on\; a$$

$$b_n = \frac{1}{2\pi}\left[\frac{1}{n}(-2\pi\cos(2n\pi) + 0)\right] + \frac{1}{2\pi n^2}(\sin(2n\pi) - \sin(0))$$

$$b_n = -\frac{1}{n} + 0 + \frac{1}{2\pi n^2}(0) = -\frac{1}{n}$$

On a alors les coefficients $a_0 = \frac{1}{2}\pi \quad a_n = 0 \quad b_n = -\frac{1}{n}$.

La série de Fourier de cette fonction est alors :

$$f(x) = \frac{1}{2}\pi + \sum_{n=1}^{\infty}\left(0 - \frac{1}{n}\sin(nx)\right) = \frac{1}{2}\pi - \left[\sin(x) + \frac{1}{2}\sin(2x) + \frac{1}{3}\sin(3x) + \frac{1}{4}\sin(4x) + \cdots\right].$$

Exemple 7.

$f(x) = \begin{cases} \pi - x, & 0 < x < \pi \\ 0, & \pi < x < 2\pi \end{cases}$. De période 2π.

Tracer le graphe de $f(x)$ sur $[-2\pi, 2\pi]$ et évaluer sa série de Fourier.

Graphe de $f(x)$

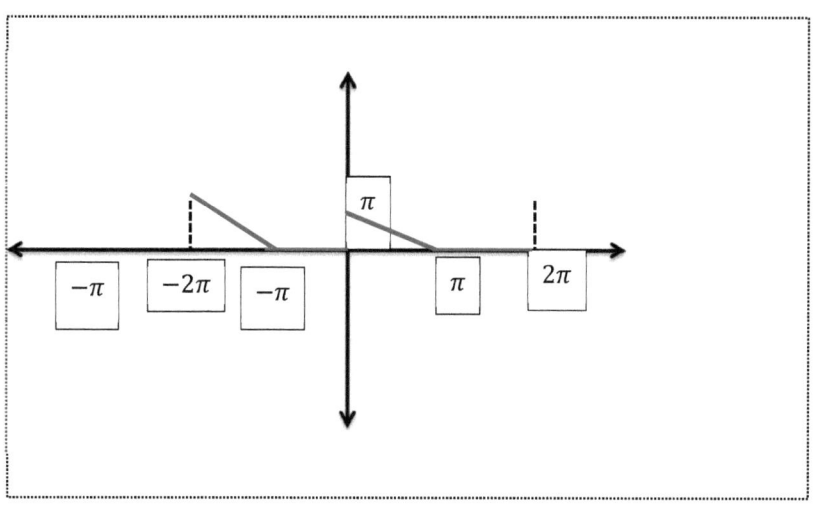

Série de Fourier.

$L = \pi$

$a_0 = \frac{1}{2\pi}\int_0^{2\pi} f(x)dx = \frac{1}{2\pi}\int_0^{\pi}(\pi - x)dx + \frac{1}{2\pi}\int_{\pi}^{2\pi} 0\,dx = \frac{1}{2\pi}\left[\pi^2 - \frac{\pi^2}{2}\right]$.

$a_0 = \frac{\pi}{4}$

$a_n = \frac{1}{\pi}\int_0^{2\pi} f(x)\cos(nx)\,dx = \frac{1}{\pi}\int_0^{\pi}(\pi - x).\cos(nx)\,dx$

$a_n = \frac{1}{\pi}[(\pi - x)\frac{\sin(nx)}{n}]_0^{\pi} - \frac{1}{\pi}\int_0^{\pi} -1.\frac{\sin(nx)}{n}dx = \frac{1}{\pi n}(0 - 0) + \frac{1}{\pi}\int_0^{\pi}.\frac{\sin(nx)}{n}$.

$a_n = \frac{1}{\pi n^2}[\frac{-\cos(nx)}{n}]_0^{\pi} = -\frac{1}{\pi n^2}\bigl(\cos(n\pi) - \cos(0)\bigr) = -\frac{1}{\pi n^2}((-1)^n - 1)$

$a_n = \begin{cases} 0, & n\ pair \\ \frac{2}{\pi n^2} & n\ impair \end{cases}.$

$$b_n = \frac{1}{\pi}\int_0^{2\pi} f(x)\sin(nx)\,dx = \frac{1}{\pi}\int_0^{\pi}(\pi - x).\sin(nx)\,dx$$

$$b_n = \frac{1}{\pi}[(\pi - x)\frac{-\cos(nx)}{n}]_0^{\pi} - \frac{1}{\pi}\int_0^{\pi} -1.\frac{-\cos(nx)}{n}\,dx = \frac{1}{\pi n}(0 - (-\pi)) - \frac{1}{\pi n^2}(0 - 0) = \frac{1}{n}$$

On établit le tableau des coefficients.

n	1	2	3	4	5
a_n	$\frac{2}{\pi}$	0	$\frac{2}{\pi}.\frac{1}{3^2}$	0	$\frac{2}{\pi}.\frac{1}{5^2}$
b_n	1	$\frac{1}{2}$	$\frac{1}{3}$	$\frac{1}{4}$	$\frac{1}{5}$.

Alors la série de Fourier de la fonction est

$$f(x) = a_0 + \sum_{n=1}^{\infty}\left(a_n \cos\frac{n\pi x}{L} + b_n \sin\frac{n\pi x}{L}\right)$$

$$f(x) = \frac{\pi}{4} + \frac{2}{\pi}\left[\cos(x) + \frac{1}{3^2}\cos(3x) + \frac{1}{5^2}\cos(5x) + \cdots\right] + \sin(x) + \frac{1}{2}\sin(2x)$$

$$+ \frac{1}{3}\sin(3x) + \frac{1}{4}\sin(4x) + \frac{1}{5}\sin(5x) + \cdots$$

Exemple 8.

Si $f(x) = x^2$ est périodique et de période 2π, tracer le graphe sur $-\pi < x < \pi$ et déterminer la série de Fourier de la fonction.

Graphe de $f(x)$.

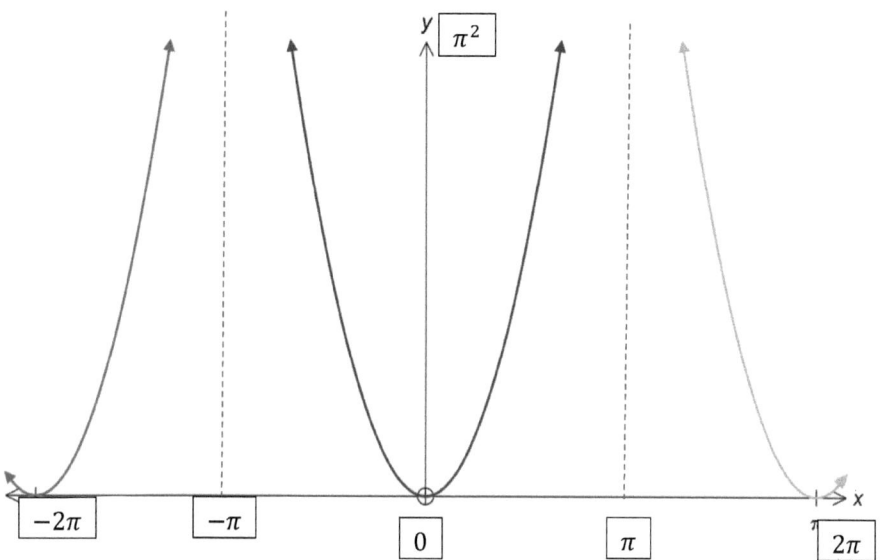

Série de Fourier.

$L = \pi$

$a_0 = \frac{1}{2\pi}\int_{-\pi}^{\pi} f(x)dx = \frac{1}{2\pi}\int_{-\pi}^{\pi} x^2 dx = \frac{1}{2\pi}\left[\frac{1}{3}\pi^3 - (-\frac{\pi^3}{3})\right] = \frac{\pi^2}{3}.$

$a_0 = \frac{\pi^2}{3}$

$a_n = \frac{1}{\pi}\int_{-\pi}^{\pi} f(x)\cos(nx)\,dx = \frac{1}{\pi}\int_{-\pi}^{\pi} x^2 \cdot \cos(nx)\,dx = \frac{1}{\pi}[x^2 \frac{\sin(nx)}{n}]_{-\pi}^{\pi} - \frac{1}{\pi}\int_{-\pi}^{\pi} 2x \cdot \frac{\sin(nx)}{n}dx = \frac{1}{\pi n}(\pi^2 \sin(n\pi) - \pi^2 \sin(-n\pi)) - \frac{2}{n\pi}\int_{-\pi}^{\pi} x\sin(nx)dx = -\frac{2}{n\pi}\int_{-\pi}^{\pi} x\sin(nx)dx$. Donc $a_n = -\frac{2}{n\pi}\int_{-\pi}^{\pi} x\sin(nx)dx$.

$$a_n = -\frac{2}{n\pi}\int_{-\pi}^{\pi} x\sin(nx)dx = -\frac{2}{n\pi}\left[x\frac{-\cos(nx)}{n}\right]_{-\pi}^{\pi} - \frac{2}{n^2\pi}\int_{-\pi}^{\pi}\cos(nx)dx$$

$$donc\ a_n = -\frac{2}{n\pi}\left(-\frac{1}{n}(\pi\cos(n\pi) - (-\pi)\cos(-n\pi))\right) - \frac{2}{n^3\pi}(\sin(n\pi) -$$

$$\sin(-n\pi)) = -\frac{2}{n\pi}(\frac{-2\pi}{n}(-1)^n) = \frac{4}{n^2}(-1)^n.$$

$$a_n = \begin{cases} \frac{4}{n^2}, & n\ pair \\ -\frac{4}{n^2}, & n\ impair \end{cases}$$

$$b_n = \frac{1}{\pi}\int_{-\pi}^{\pi} f(x)\sin(nx)\,dx = \frac{1}{\pi}\int_{-\pi}^{\pi} x^2 \sin(nx)\,dx$$

$$b_n = \frac{1}{\pi}[x^2 \frac{-\cos(nx)}{n}]_{-\pi}^{\pi} - \frac{1}{\pi}\int_{-\pi}^{\pi} 2x \cdot \frac{-\cos(nx)}{n}dx = -\frac{1}{\pi n}(\pi^2\cos(n\pi) -$$

$$\pi^2\cos(-n\pi)) + \frac{2}{n\pi}\int_{-\pi}^{\pi} x\cos(nx)dx = 0 + \frac{2}{n\pi}\int_{-\pi}^{\pi} x\cos(nx)dx$$

$$b_n = \frac{2}{n\pi}\int_{-\pi}^{\pi} x\cos(nx)dx = \frac{2}{n\pi}\left[x\frac{\sin(nx)}{n}\right]_{-\pi}^{\pi} - \frac{2}{n^2\pi}\int_{-\pi}^{\pi}\sin(nx)dx$$

$$b_n = \frac{2}{n^2\pi}(0-0) - \frac{2}{n^3\pi}(\cos(n\pi) - \cos(-n\pi)) = \frac{2}{n^2\pi}(0-0) - \frac{2}{n^3\pi}.0 = 0.$$

Tableau des coefficients.

n	1	2	3	4	5
a_n	-4	$\frac{4}{2^2}$	$-\frac{4}{3^2}$	$\frac{4}{4^2}$	$-\frac{4}{5^2}$
b_n	0	0	0	0	0

On déduit que cette série de Fourier est :

$$f(x) = \frac{\pi^2}{3} - 4\left(\cos(x) - \frac{1}{2^2}\cos(2x) + \frac{1}{3^2}\cos(3x) - \frac{1}{4^2}\cos(4x) + \frac{4}{5^2}\cos(5x)\ldots\right)$$

A présent que nous savons trouver des séries de Fourier pour des fonctions périodiques, nous allons établir quelques résultats importants.

6) Limites et convergence de la série de Fourier. Conditions de Dirichlet.

Ces résultats ont été examinés par Dirichlet, nous contenterons de les énoncer sans autre forme de démonstration.

Si :

1) $f(x)$ est une fonction périodique de période 2L définie sur [-L, L].

2) $f(x)$ et $f'(x)$ sont continues par morceaux sur [-L, L], c'est-à-dire $f(x)$ et $f'(x)$ ont au plus, un nombre fini de points de discontinuités dans l'intervalle de définition et pour tout point x_0 de discontinuité, on a $\lim_{x \to x_0^+} f(x) \neq \lim_{x \to x_0^-} f(x)$.

Sous ces conditions la série de Fourier de $f(x)$ existe et converge vers $f(x)$ en tout point de continuité de [-L, L].

En plus, en tout point x_0 de discontinuité la série converge vers la somme $\frac{f(x_0^+) + f(x_0^-)}{2}$.

Remarque 1: La série d'une fonction paire $f(x) = f(-x)$ s'exprime uniquement en termes de $\cos(\frac{n\pi x}{L})$ car $b_n = \frac{1}{L}\int_{-L}^{L} f(x)\sin\frac{n\pi x}{L}dx$ n=1, 2, 3… est égal à 0 comme intégrale sur un intervalle symétrique d'une fonction impaire qui est le produit d'une fonction paire par une fonction impaire.

Remarque 2.

La série d'une fonction impaire $f(x) = -f(-x)$ s'exprime uniquement en termes de $\sin(\frac{n\pi x}{L})$ car $a_n = \frac{1}{L}\int_{-L}^{L} f(x) \cos\frac{n\pi x}{L} dx$ n=0,1, 2, 3… est égal à 0 comme intégrale sur un intervalle symétrique d'une fonction impaire qui est le produit d'ne fonctions impaire par une fonction paire.

7) Identité de Parseval.

Si a_n et b_n sont les coefficients de la série de Fourier d'une fonction $f(x)$ satisfaisant les conditions de Dirichlet on a l'identité :

$\frac{1}{L}\int_{-L}^{L} \{f(x)\}^2 dx = 2a_0^2 + \sum_{n=1}^{\infty}(a_n^2 + b_n^2)$ où $\int_{-L}^{L} f(x)dx = 2La_0$ par la définition du coefficient de Fourier a_0.

Démonstration:

Soit $f(x) = a_0 + \sum_{n=1}^{\infty}\left(a_n \cos\frac{n\pi x}{L} + b_n \sin\frac{n\pi x}{L}\right)$ la série de Fourier de $f(x)$.

Rappelons que $\int_{-L}^{L} \{f(x)\}^2 dx = \int_{-L}^{L} f(x).f(x)dx$. Nous pouvons alors écrire

$\int_{-L}^{L} \{f(x)\}^2 dx =$

$\int_{-L}^{L} a_0 f(x)dx + \sum_{n=1}^{\infty} \int_{-L}^{L} \left\{f(x)\left(a_n \cos\frac{n\pi x}{L} + b_n \sin\frac{n\pi x}{L}\right)\right\} dx$.

et $\sum_{n=1}^{\infty} \int_{-L}^{L} \left\{f(x)\left(a_n \cos\frac{n\pi x}{L} + b_n \sin\frac{n\pi x}{L}\right)\right\} dx =$

$\sum_{n=1}^{\infty} a_n \int_{-L}^{L} f(x) \cos\left(\frac{n\pi x}{L}\right) dx + \sum_{n=1}^{\infty} b_n \int_{-L}^{L} f(x) \sin\left(\frac{n\pi x}{L}\right) dx$.

On déduit par la définition des coefficients de Fourier que :

$\int_{-L}^{L} \{f(x)\}^2 dx = 2La_0^2 + L\sum_{n=1}^{\infty}(a_n^2 + b_n^2)$ et donc :

$\frac{1}{L}\int_{-L}^{L} \{f(x)\}^2 dx = 2a_0^2 + \sum_{n=1}^{\infty}(a_n^2 + b_n^2)$.

Ce qui démontre l'identité de Parseval.

Comme exercice d'application, trouvons l'identité de Parseval pour la série de Fourier de l'exemple 6. Nous avons trouvé les coefficients de Fourier :

$a_0 = \frac{1}{2}\pi$ $a_n = 0$ $b_n = -\frac{1}{n}$. Alors l'identité de Parseval pour cette série donne :

$\frac{1}{\pi}\int_0^{2\pi} \frac{x^2}{4} dx = \frac{\pi^2}{2} + \sum_{n=1}^{\infty} \frac{1}{n^2}$ $donc$ $\frac{8\pi^3}{12\pi} = \frac{\pi^2}{2} + \sum_{n=1}^{\infty} \frac{1}{n^2} \rightarrow \frac{\pi^2}{6} = \sum_{n=1}^{\infty} \frac{1}{n^2}$

8) Fonction sinus de Fourier et fonction cosinus de Fourier sur un intervalle d'une demi-période.

Définition 1:

La série de Fourier sinus d'une fonction $f(x)$ sur la demi-période [0, L] est la série de Fourier correspondent à l'extension impaire de son graphe sur [-L, L]. Cette série est définie par

$f(x) = \sum_{n=1}^{\infty} b_n \sin\frac{n\pi x}{L}$ et $a_n = 0$ $b_n = \frac{2}{L}\int_{-L}^{L} f(x) \sin\frac{n\pi x}{L} dx$.

Définition 2:

La série de Fourier cosinus d'une fonction $f(x)$ sur la demi-période [0, L] est la série de Fourier correspondent à l'extension paire de son graphe sur [-L, L]. Cette série est définie par : $f(x) = \sum_{n=0}^{\infty} a_n \cos\frac{n\pi x}{L}$ et $b_n = 0$,

$a_0 = \frac{1}{L}\int_{-L}^{L} f(x)dx$ $a_n = \frac{2}{L}\int_{-L}^{L} f(x) \cos\frac{n\pi x}{L} dx$ $n > 1$.

Exemple 1.

Trouver la fonction sinus de Fourier sur la demi période [0, 2] de $f(x) = x$ $0 < x < 2$.

Par définition nous devons trouver la série de Fourier de l'extension impaire du graphe sur la période.

Graphe de l'extension impaire de $f(x)$.

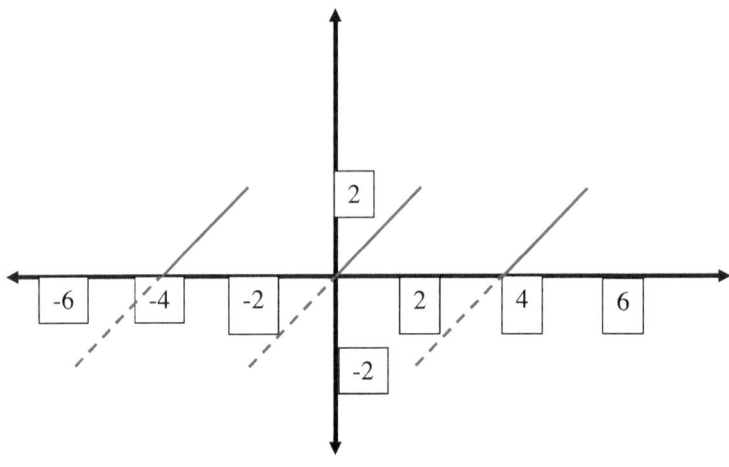

Par définition $a_n = 0 \quad b_n = \frac{2}{L}\int_0^2 f(x)\sin\frac{n\pi x}{L}dx$.

$$b_n = \frac{2}{L}\int_0^2 x\sin\frac{n\pi x}{2}dx = \frac{2}{2}\int_0^2 x\sin\frac{n\pi x}{2}dx = \left[x\frac{-2}{n\pi}\cos\frac{n\pi x}{2} + \frac{4}{n^2\pi^2}\sin\frac{n\pi x}{2}\right]_0^2$$

$$=\frac{-4}{n\pi}\cos(n\pi) = \frac{-4}{n\pi}(-1)^n \text{ donc } b_n = \begin{cases} \frac{-4}{n\pi}, & n \text{ pair} \\ \frac{4}{n\pi}, & n \text{ impair} \end{cases}$$

La série sinus de Fourier de la fonction sur [0, 2] est donc

$$f(x) = \sum_{n=1}^{\infty}\frac{-4}{n\pi}(-1)^n\sin\frac{n\pi x}{2} = \frac{4}{\pi}\left(\sin\frac{\pi x}{2} - \frac{1}{2}\sin\frac{2\pi x}{2} + \frac{1}{3}\sin\frac{3\pi x}{2} - \frac{1}{4}\sin\frac{4\pi x}{2}\dots\right).$$

Exemple 2.

Tracer l'extension paire du graphe de la fonction de l'exemple 1 et trouver la série cosinus de f(x).

Graphe de l'extension impaire de f(x).

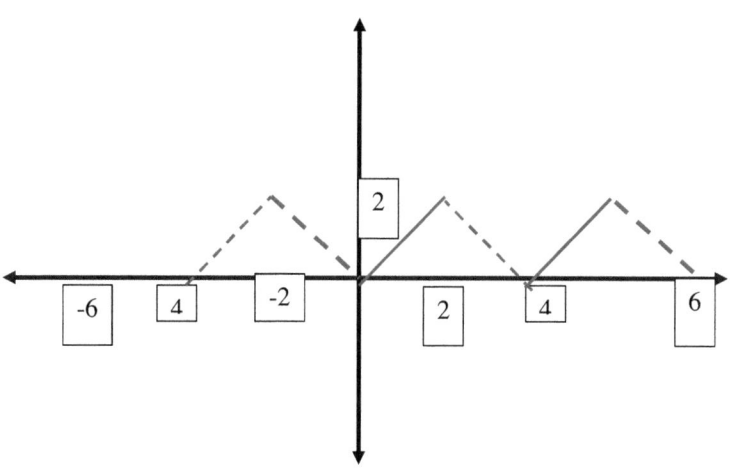

Par définition $b_n = 0$ $a_n = \frac{2}{L}\int_0^2 f(x)\cos\frac{n\pi x}{L}dx$ $n \geq 1$ $a_0 = \frac{1}{L}\int_{-L}^{L} f(x)dx$

$$a_n = \frac{2}{L}\int_0^2 x\cos\frac{n\pi x}{2}dx = \frac{2}{2}\int_0^2 x\cos\frac{n\pi x}{2}dx = \left[x\frac{2}{n\pi}\sin\frac{n\pi x}{2} + \frac{4}{n^2\pi^2}\cos\frac{n\pi x}{2}\right]_0^2$$

$$= \frac{4}{n^2\pi^2}((-1)^n - 1), \text{ donc } a_n = \begin{cases} 0, & n \text{ pair} \\ \frac{-8}{n^2\pi^2}, & n \text{ impair} \end{cases}$$

et $a_0 = \frac{1}{2}\int_0^2 x\,dx = 1$

La série cosinus de Fourier de la fonction $f(x) = x$ $0 < x < 2$ est égale à :

$f(x) = \sum_{n=0}^{\infty} a_n \cos\frac{n\pi x}{2} = 1 - \frac{8}{\pi^2}\left(\cos\frac{\pi x}{2} + \frac{1}{3^2}\sin\frac{3\pi x}{2} + \frac{1}{5^2}\sin\frac{5\pi x}{2} + \frac{1}{7^2}\sin\frac{7\pi x}{2}\ldots\right)$.

Exemple 3.

Trouver la série cosinus de Fourier de sin(x) si l'on a $0 < x < \pi$.

Graphe de l'extension paire de $f(x)$.

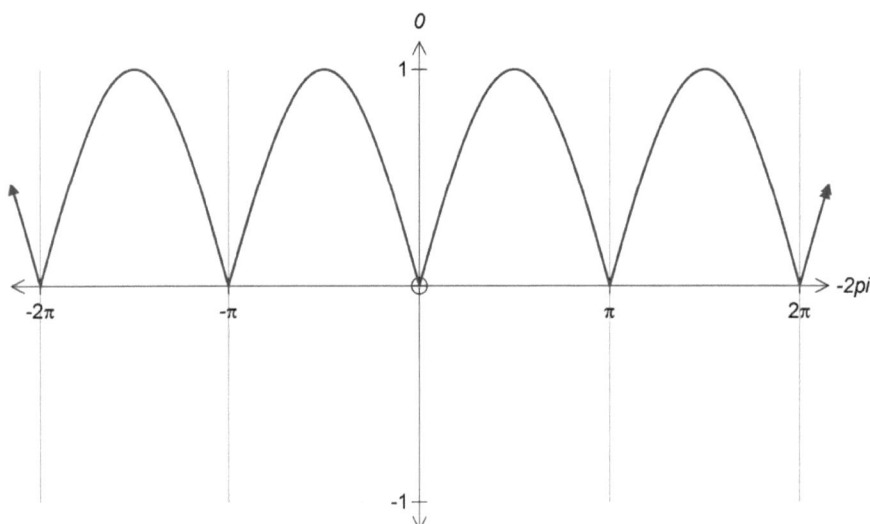

Par définition $b_n = 0 \quad a_n = \frac{2}{L}\int_0^\pi f(x)\cos\frac{n\pi x}{L}dx \quad a_0 = \frac{1}{L}\int_{-L}^L f(x)dx$

$a_n = \frac{2}{\pi}\int_0^\pi \sin x \cos nx\, dx = \frac{1}{\pi}\int_0^\pi [\sin(n+1)x + \sin(1-n)x]dx =$

$\frac{1}{\pi}\left[-\frac{\cos(n+1)x}{n+1} + \frac{\cos(n-1)x}{n-1}\right]_0^\pi = \frac{1}{\pi}\left(\left(\frac{1-\cos(n+1)\pi}{n+1} + \frac{\cos(n+1)\pi - 1}{n-1}\right)\right).$

De $\cos(n+1)\pi = -\cos n\pi$ et $\cos(n-1)\pi = -\cos(n\pi)$ on obtient :

$\frac{1}{\pi}\left(\left(\frac{1-\cos(n+1)\pi}{n+1} + \frac{\cos(n+1)\pi - 1}{n-1}\right)\right) = \frac{1}{\pi}\left(\left(\frac{1+\cos n\pi}{n+1} - \frac{\cos n\pi + 1}{n-1}\right)\right) = \frac{-2(1+\cos(n\pi))}{\pi(n^2-1)}$

$n \neq 1 \quad a_n = \begin{cases} -\frac{4}{\pi(n^2-1)}, & n\ pair \\ 0, & n\ inpair \end{cases}$

$$a_1 = \frac{2}{\pi}\int_0^\pi \sin x \cos x\, dx = \frac{2}{\pi}\left[\frac{\sin^2(x)}{2}\right]_0^\pi = 0$$

$$a_0 = \frac{1}{\pi}\int_0^\pi \sin x\, dx = \frac{1}{\pi}(-\cos(\pi) + \cos(0)) = \frac{2}{\pi}.$$

La série cosinus de Fourier de sin(x) est donc

$$= \frac{2}{\pi} + \sum_{n=1}^\infty \frac{-2(1+\cos(n\pi))}{\pi(n^2-1)}\cos(nx) = .\frac{2}{\pi} - \frac{4}{\pi}\left[\frac{\cos(2x)}{2^2-1} + \frac{\cos(4x)}{4^2-1} + \frac{\cos(6x)}{6^2-1} + \cdots\right]$$

Remarquons évidemment que si la fonction est paire la série cosinus de cette fonction est égale à sa série de Fourier, tout comme la série sinus de Fourier d'une fonction impaire se confond avec sa série de Fourier.

Exercices de fin de chapitre.

I) Problèmes des valeurs aux limites.

1) Résoudre le P.V.L. Montrer les traces de votre démarche.

$y'' - 4y = 0 \quad y(0) = 0, y(\pi) = 0.$

2) Résoudre le P.V.L. Montrer les traces de votre démarche.

$y'' + y = 0 \quad y(0) = 0, y(\pi) = 0.$

3) si λ est une constante supérieur à 0. Résoudre les P.V.L donnés ci-dessus et trouver dans chaque cas les valeurs propres ainsi que les fonctions propres.

On peut se servir du tableau des résultats établi à la page 71.

1) $y'' + \lambda y = 0 \quad y(0) = 0, y(1) = 0.$

2) $y'' + \lambda y = 0 \quad y'(0) = 0, y(5) = 0.$

$y'' + \lambda y = 0 \quad y'(0) = 0, y'(\pi) = 0.$

4) $y'' + \lambda y = 0 \quad y(0) = 0, y'(\frac{\pi}{2}) = 0.$

4) résoudre complètement le P.V.L.

4) $y'' + 2\lambda y' + \lambda^2 = 0 \quad y(0) + y'(0) = 0, y(1) + y'(1) = 0.$

II) Séries de Fourier.

Tracer le graphe des fonctions suivantes sur une période, et déterminer la série de Fourier correspondante dans chaque cas.

1) $f(x) = \begin{cases} \pi - x, & 0 < x < \pi \\ 0, & \pi < x < 2\pi \end{cases}$. De période 2π.

2) $f(x) = x \quad -\pi < x < \pi$ de période 2π. Écrire l'identité de Parseval pour la série trouvée et montrer que $\frac{2\pi^2}{3} = 4 \sum_{n=1}^{\infty} \frac{1}{n^2}$.

3) $f(x) = x^2 \quad -\pi < x < \pi$ de période 2π.

4) si $f(x) = \cos(x) \quad 0 < x < \pi.$

Trouver la série sinus de Fourier de $f(x)$ De quelle façon devrait-on définir f(x) en 0 et π pour que la série converge vers $f(x)$ sur $[0, \pi]$.

Corrigé des exercices de fin de chapitre.

I) Problèmes des valeurs aux limites.

1) Résoudre le P.V.L. Montrer les traces de votre démarche.

$y'' - 4y = 0 \quad y(0) = 0, y(\pi) = 0$. Équation caractéristique $m^2 - 4 = 0$.

Racines réelles et opposées $m = \pm 2$ donc la solution est $y(x) = c_1 \cosh(2x) + c_2 \sinh(2x)$.

$y(0) = 0 \rightarrow c_1 \cosh(0) = c_1 = 0$, donc $y(x) = c_2 \sinh(2x)$

La deuxième condition implique $c_2 \sinh(2\pi) = 0$ or $\sinh(2\pi) \neq 0$, ce qui entraîne $c_2 = 0$. La solution triviale $y(x) = 0$ est la seule solution de ce P.V.L.

-4 n'est donc pas une valeur propre.

2) Résoudre le P.V.L. Montrer les traces de votre démarche.

$y'' + y = 0 \quad y(0) = 0, y(\pi) = 0$.

Les racines de l'équation quadratique associée $m^2 + 1 = 0$ sont les nombres imaginaires purs $\pm i$. La solution est $y(x) = c_1 \cos(x) + c_2 \sin(x)$.

Cette fois la condition $y(0) = 0$ entraîne que $c_1 = 0$ et $y(x) = c_2 \sin(x)$. Alors $c_2 \sin(\pi) = 0$ et la deuxième condition est donc toujours vérifiée. Ce P.V.L. a pour solution $y(x) = c_2 \sin(x)$ et 1 est donc, une valeur propre.

3) si λ est une constante supérieur à 0. Résoudre les P.V.L donnés ci-dessus et trouver dans chaque cas les valeurs propres ainsi que les fonctions propres.

On peut se servir du tableau des résultats établi à la page 71

1) $y'' + \lambda y = 0 \quad y(0) = 0, y(1) = 0$.

2) $y'' + \lambda y = 0 \quad y'(0) = 0, y(5) = 0$.

3) $y'' + \lambda y = 0 \quad y'(0) = 0, y'(\pi) = 0$.

4) $y'' + \lambda y = 0 \quad y(0) = 0, y'(\frac{\pi}{2}) = 0$.

1) L=1 En se référant au tableau, de la page 71, à la section $\lambda > 0$ et aux conditions aux limites 1), les valeurs propres de ce P.V.L. sont $(\frac{n\pi}{1})^2$ et les valeurs propres qui correspondent sont $\sin(n\pi x)$ $n=1,2,3\ldots$

2) L=5 En se référant à la section $\lambda > 0$ et aux conditions aux limites 2), les valeurs propres de ce P.V.L. sont $(\frac{(2n-1)\pi}{10})^2$ et les fonctions propres correspondent à $\cos(\frac{(2n-1)\pi}{10})x$ $n=1,2,3\ldots$

3) L= π. En se référant à la section $\lambda > 0$ et aux conditions aux limites 4), les valeurs propres de ce P.V.L. sont $(\frac{n\pi}{\pi})^2 = n^2$ et les fonctions propres correspondent aux fonctions $\cos(nx)$ $n=0,1,2,3\ldots$

4) L=$\frac{1}{2}\pi$ En se référant à la section $\lambda > 0$ et aux conditions aux limites 3) les valeurs propres de ce P.V.L. sont $(2n-1)^2$ et les fonctions propres correspondent à $\sin((2n-1)x)$ $n=1,2,3\ldots$

II) Séries de Fourier.

Tracer le graphe des fonctions suivantes sur une période, et déterminer la série de Fourier correspondante dans chaque cas.

1) $f(x) = \begin{cases} \pi - x, & 0 < x < \pi \\ 0 & \pi < x < 2\pi \end{cases}$. De période 2π.

Graphe de $f(x)$.

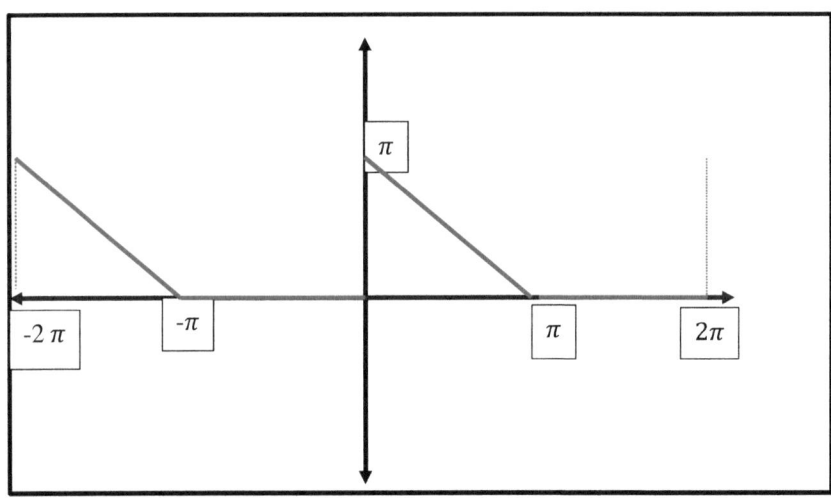

L=π

$$a_0 = \frac{1}{2\pi}\int_{-\pi}^{\pi} f(x)dx = \frac{1}{2\pi}\int_{-\pi}^{0} 0\,dx + \frac{1}{2\pi}\int_{0}^{\pi}(\pi - x)dx = \frac{1}{2\pi}\left[\pi x - \frac{x^2}{2}\right]_0^{\pi} = \frac{\pi}{4}.$$

$$a_0 = \frac{\pi}{4}$$

$$a_n = \frac{1}{\pi}\int_0^{2\pi} f(x)\cos(nx)\,dx = \frac{1}{\pi}\int_0^{\pi}(\pi - x).\cos(nx)\,dx$$

$$a_n = \frac{1}{\pi}\left[(\pi - x)\frac{\sin(nx)}{n}\right]_0^{\pi} - \frac{1}{\pi}\int_0^{\pi}(-1).\frac{\sin(nx)}{n}dx = \frac{1}{\pi}(0 - 0) - \frac{1}{\pi n^2}(\cos(n\pi) - \cos(0)) = -\frac{1}{\pi n^2}((-1)^n - 1)$$

$$a_n = \begin{cases} 0, & n\ pair. \\ \frac{2}{\pi n^2}, & n\ impair \end{cases}$$

$$b_n = \frac{1}{\pi}\int_0^{2\pi} f(x)\sin(nx)\,dx = \frac{1}{\pi}\int_0^{\pi}(\pi - x)\sin(nx)\,dx$$

$$b_n = \frac{1}{\pi}[(\pi-x)\frac{-\cos(nx)}{n}]_0^\pi - \frac{1}{\pi}\int_0^\pi (-1).\frac{-\cos(nx)}{n}dx = \frac{1}{n\pi}(0+\pi.1) - \frac{1}{\pi n^2}(0-0) = \frac{1}{n} \quad donc \ b_n = \frac{1}{n}$$

Tableau des coefficients.

n	1	2	3	4	5
a_n	$\frac{2}{\pi}$	0	$\frac{2}{\pi.3^2}$	0	$\frac{2}{\pi.5^2}$
b_n	1	$\frac{1}{2}$	$\frac{1}{3}$	$\frac{1}{4}$	$\frac{1}{5}$

$$f(x) = a_0 + \sum_{n=1}^{\infty}\left(a_n \cos\frac{n\pi x}{L} + b_n \sin\frac{n\pi x}{L}\right)$$

$$f(x) = \frac{\pi}{4} + \frac{2}{\pi}\left[\cos(x) + \frac{1}{3^2}\cos(3x) + \frac{1}{5^2}\cos(5x) + \cdots.\right] + \sin(x) + \frac{1}{2}\sin(2x) + \frac{1}{3}\sin(3x) + \frac{1}{4}\sin(4x) + \frac{1}{5}\sin(5x) + \cdots ....$$

2) $f(x) = x \quad -\pi < x < \pi$ de période 2π.

Graphe de $f(x)$.

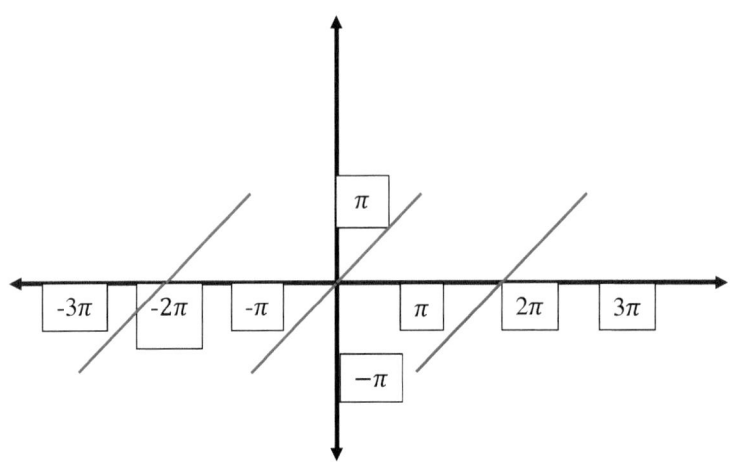

L=π. Cette fonction est impaire donc $a_n = 0 \,\forall n \in N$.

$b_n = \frac{1}{\pi}\int_{-\pi}^{\pi} f(x)\sin(nx)\,dx = \frac{1}{\pi}\int_{-\pi}^{\pi} x.\sin(nx)\,dx$

$b_n = \frac{1}{\pi}\left[-x\frac{\cos(nx)}{n}\right]_{-\pi}^{\pi} - \frac{1}{\pi}\int_0^{\pi}(-1).\frac{\cos(nx)}{n}dx = -\frac{1}{n\pi}(2\pi\cos(n\pi)) +$

$\frac{1}{n^2\pi}(0-0) = -\frac{1}{n\pi}(2\pi\cos(n\pi))$ $b_n = \begin{cases} -\frac{2}{n}, & n\text{ pair} \\ \frac{2}{n}, & n\text{ impair} \end{cases}$

$f(x) = \sum_{n=1}^{\infty}\left(b_n \sin\frac{n\pi x}{L}\right)$, ou bien :

$f(x) = 2\left[\sin(x) - \frac{1}{2}\sin(2x) + \frac{1}{3}\sin(3x) - \frac{1}{4}\sin(4x) + \frac{1}{5}\sin(5x)\dots\right]$.

L'identité de Parseval donne pour cette série : $\frac{1}{\pi}\int_{-\pi}^{\pi} x^2 dx = \sum_{n=0}^{\infty}\frac{4}{n^2}$ on déduit donc que $\frac{2\pi^2}{3} = 4\sum_{n=1}^{\infty}\frac{1}{n^2}$. Ce qui démontre l'égalité.

3) $f(x) = x^2 \quad -\pi < x < \pi$ de période 2π.

Graphe de $f(x)$.

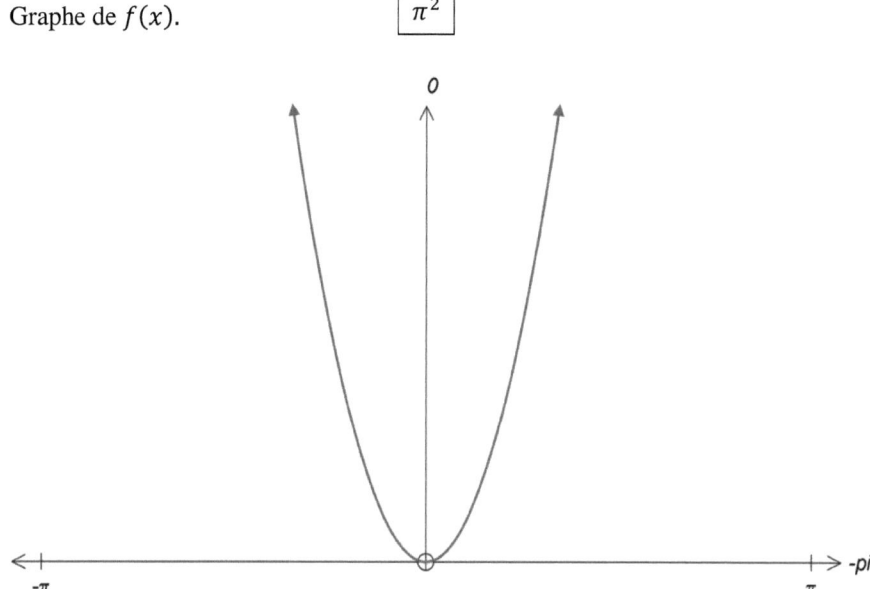

L=π. Cette fonction est paire donc $b_n = 0 \; \forall n \in \mathbb{N}$.

$$a_n = \frac{1}{\pi} \int_{-\pi}^{\pi} f(x) \cos(nx)\, dx = \frac{1}{\pi} \int_{-\pi}^{\pi} x^2 . \cos(nx)\, dx.$$

$a_0 = \frac{1}{2\pi} \int_{-\pi}^{\pi} x^2 . dx = \frac{1}{2\pi} \left(\frac{\pi^3}{3} - \left(-\frac{\pi^3}{3}\right) \right) = \frac{\pi^2}{3}$

$a_n = \frac{1}{\pi} \left[x^2 \frac{\sin(nx)}{n} \right]_{-\pi}^{\pi} - \frac{1}{\pi} \int_{-\pi}^{\pi} 2x . \frac{\sin(nx)}{n}\, dx$

$a_n = \frac{1}{\pi} (\frac{1}{n} (\pi^2 \sin(n\pi) - \pi^2 \sin(-n\pi)) - \frac{2}{n\pi} \int_{-\pi}^{\pi} x . \sin(nx)\, dx = \frac{1}{\pi} (\frac{1}{n} (0 + 0) - \frac{2}{n\pi} \int_{-\pi}^{\pi} x . \sin(nx)\, dx$. Donc on a encore en intégrant par parties.

$a_n = -\frac{2}{n\pi}\int_{-\pi}^{\pi} x.\sin(nx)\,dx =$

$-\frac{2}{n\pi}\left[x\frac{-\cos(nx)}{n}\right]_{-\pi}^{\pi} - \frac{2}{n\pi}\int_{-\pi}^{\pi}\frac{\cos(nx)}{n}dx = -\frac{2}{n\pi}\left[x\frac{-\cos(nx)}{n}\right]_{-\pi}^{\pi} + 0$

$a_n = -\frac{2}{n\pi}\left(\frac{-2\pi\cos(n\pi)}{n}\right)$ donc $a_n = \begin{cases} \frac{4}{n^2}, & n\,pair \\ -\frac{4}{n^2}, & n\,impair \end{cases}$.

La série de Fourier de la fonction est donnée par $f(x) = \sum_{n=0}^{\infty}\left(a_n \cos\frac{n\pi x}{L}\right)$.

$f(x) = \frac{\pi^2}{3} - 4\left[\cos(x) - \frac{1}{2^2}\cos(2x) + \frac{1}{3^2}\cos(3x) - \frac{1}{4^2}\cos(4x)\dots\dots\right]$

4) si $f(x) = \cos(x)$ $0 < x < \pi$.

Trouver la série sinus de Fourier de $f(x)$. De quelle façon devrait-on définir f(x) en 0 et π pour que la série converge vers $f(x)$ sur $[0, \pi]$

Nous devons trouver l'extension impaire du graphe de la fonction entre $-\pi < x < 0$.

Graphe de l'extension impaire de $f(x)$.

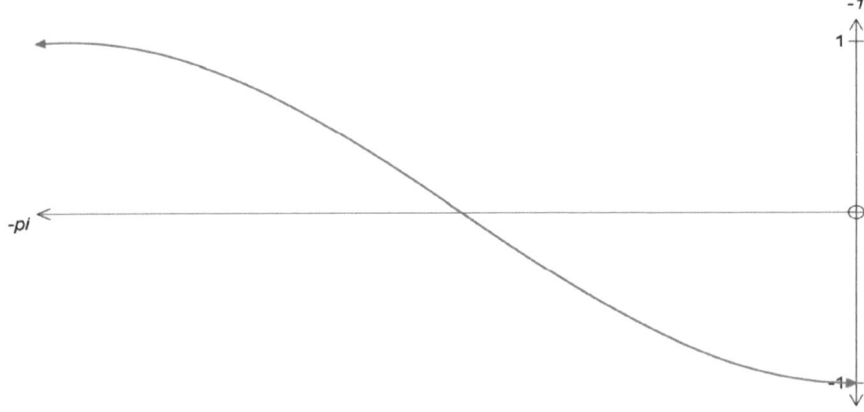

$b_n = \frac{2}{\pi}\int_0^\pi \cos(x)\sin(nx)\,dx = \frac{1}{\pi}\int_0^\pi [\sin(n+1)x + \sin(n-1)x]dx =$
$\frac{1}{\pi}\left[-\frac{\cos(n+1)x}{n+1} - \frac{\cos(n-1)x}{n-1}\right]_0^\pi = -\frac{1}{\pi}\left(\left(\frac{\cos(n+1)\pi-1}{n+1} + \frac{\cos(n+1)\pi-1}{n-1}\right)\right)$

De $\cos(n+1)\pi = -\cos n\pi$ et $\cos(n-1)\pi = -\cos(n\pi)$ on obtient:

$-\frac{1}{\pi}\left(\left(\frac{-\cos n\pi-1}{n+1} + \frac{-\cos n\pi-1}{n-1}\right)\right) = \frac{(\cos n\pi+1)2n}{\pi(n^2-1)} \quad b_n = \begin{cases} \frac{4n}{\pi(n^2-1)} & n \text{ pair} \\ 0 & n \text{ inpair} \end{cases}$

et $a_n = 0, n > 1$. La série sinus de Fourier de $\cos(x)$ sur $[0,\pi]$ est donc

$$f(x) = \sum_{k=1}^\infty \frac{4.2k}{\pi((2k)^2-1)}\sin(2kx) = \frac{8}{\pi}\sum_{k=1}^\infty \frac{k}{(4(k)^2-1)}\sin(2kx).$$

La fonction doit être définie sur les extrémités de l'intervalle $[0, \pi]$

$f(0) = 1 \quad f(\pi) = -1$, de cette façon :

$\lim_{x\to 0^-} f(0) \neq \lim_{x\to 0^+} f(0)$ et $\lim_{x\to \pi^-} f(\pi) \neq \lim_{x\to \pi^+} f(\pi)$

Chapitre 4. Équations aux dérivées partielles (E.D.P).

I-Équations linéaires aux dérivées partielles.

La forme générale d'un E.D.P. est une relation contenant une ou plusieurs dérivées partielles. Comme pour les équations différentielles ordinaires, le plus grand ordre de la dérivée partielle est l'ordre de l'équation.

La forme générale d'un E.D.P. est une relation de la forme :

$$\varphi\left(x, y, \frac{\partial u}{\partial x}, \frac{\partial u}{\partial y}, \frac{\partial^2 u}{\partial x^2}, \frac{\partial^2 u}{\partial y^2}, \frac{\partial^2 u}{\partial x \partial y} \ldots \right) = 0$$

où u est la variable dépendante et x et y sont les variables indépendantes
Un exemple d'une équation différentielle linéaire du premier ordre est :

$$a(x,y)\frac{\partial u}{\partial x} + b(x,y)\frac{\partial u}{\partial y} = f(x,y) \quad ou \quad a(x,y)u_x + b(x,y)u_y.$$ Par simplicité de notation on convient que :

$\frac{\partial u}{\partial x} = u_x$, $\frac{\partial u}{\partial y} = u_y$, $\frac{\partial^2 u}{\partial x \partial y} = u_{xy}$ $\frac{\partial^2 u}{\partial x^2} = u_{xx}$ et $\frac{\partial^2 u}{\partial y^2} = u_{yy}$.

Nous étudierons surtout quatre formes d'E.D.P. qui sont largement utilisées et présentent un intérêt primordial dans les sciences du calcul et de l'ingénierie. L'équation de la chaleur, de la corde vibrante (équation d'onde), celle de Laplace et l'équation de Poisson.

L'équation différentielle linéaire aux dérivées partielles du second ordre est de la forme $au_{xx} + bu_{xy} + c\, u_{yy} + gu_x + hu_y + ku = f$ où les coefficients a, b, c, d, g, h, k sont des fonctions de $x\, et\, y$. Si, la fonction f est aussi fonction de u l'équation est dite semi linéaire.

On a l'habitude de classifier les E.D.P. linéaires comme elliptique, hyperbolique et parabolique suivant que $\Delta = b^2 - 4ac$ est négatif, positif ou nul.

Un exemple fameux d'équation elliptique est donné par l'équation de Laplace

$\frac{\partial^2 u}{\partial x^2} + \frac{\partial^2 u}{\partial y^2} = 0$. L'équation de la chaleur est parabolique $\frac{\partial u}{\partial t} = k \frac{\partial u}{\partial x^2}$ car $\Delta = 0$, et celle de la corde vibrante est hyperbolique est $\frac{\partial^2 u}{\partial t^2} = c^2 \frac{\partial^2 u}{\partial x^2}$. $\Delta > 0$.

I) **Résolution des équations linéaires aux dérivées partielles à coefficients constants.**

Comme pour les équations différentielles ordinaires nous avons les deux lemmes suivants pour la résolution des équations homogènes.

Lemme de superposition :

Si $u_1, u_1, \ldots u_n$ sont les solutions d'une équation linéaire homogène aux dérivées partielles alors toutes combinaison linéaire $c_1 u_1, c_2 u_1, \ldots c_n u_n$ est aussi solution.

Théorème de la solution générale :

La solution générale d'une équation linéaire non homogène aux dérivées partielles s'obtient en additionnant une solution particulière de l'équation non homogène à la solution générale de l'équation homogène.

$u(x, y) = u_h(x, y) + u_P(x, y)$

Exemple 1.

Trouver la solution de l'E.D.P

$\frac{\partial^2 u}{\partial x^2} + 3 \frac{\partial^2 u}{\partial x \partial y} + 2 \frac{\partial^2 u}{\partial x^2} = 0$

Comme nous l'avons fait dans le cas des équations différentielles linéaires homogènes ordinaires, nous chercherons une solution de la forme e^{ax+by}.

En remplaçons dans l'équation cette expression on obtient :

$e^{ax+by}(a^2 + 3ab + 2b^2) = 0 \rightarrow a^2 + 3ab + 2b^2 = 0$, donc :

$(a+b)(a+2b) = 0$, alors $a = -b$ et $a = -2b$. Pour $a = -b$ $e^{-bx+by} = e^{b(y-x)}$ est solution et pour $a = -2b$ *la solution est* $e^{b(y-2x)}$.

Par la superposition, toute combinaison linéaire de ces solutions est aussi une solution par exemple: $3e^{2(y-x)} - 3e^{2(y-2x)} + 5e^{\pi(y-x)}$ est solution. On vérifie en fait que l'on a des solutions $F(y-x)$ et $G(y-2x)$ pour toute fonction arbitraire F et G, en effet : Soit $F = F(y-x)$. Par la dérivation en chaîne :

$\frac{\partial^2 F(y-x)}{\partial x^2} + 3\frac{\partial^2 F(y-x)}{\partial x \partial y} + 2\frac{\partial^2 F(y-x)}{\partial y^2} = \frac{\partial^2 F(u)}{\partial u^2} - 3\frac{\partial^2 F(u)}{\partial u^2} + 2\frac{\partial^2 F(u)}{\partial u^2} = 0$, et aussi

$\frac{\partial^2 G(y-2x)}{\partial x^2} + 3\frac{\partial^2 G(y-2x)}{\partial x \partial y} + 2\frac{\partial^2 F(y-2x)}{\partial y^2} = 4\frac{\partial^2 G(u)}{\partial u^2} - 6\frac{\partial^2 G(u)}{\partial u^2} + 2\frac{\partial^2 G(u)}{\partial u^2} = 0$ On déduit que la solution générale de cette équation homogène est égale à

$u(x, y) = F(y-x) + G(y-2x)$.

Exemple 2.

$4\frac{\partial^2 u}{\partial x^2} - 4\frac{\partial^2 u}{\partial x \partial x} + \frac{\partial^2 u}{\partial x^2} = 0$

Soit une solution de la forme e^{ax+by}, si nous remplaçons dans l'équation on trouve : $e^{ax+by}(4a^2 - 4ab + b^2) = 0 \rightarrow (2a-b)(2a-b) = 0 \rightarrow b = 2a$

$e^{a(x+2y)}$ est solution ainsi que $F(x+2y)$, où F est une fonction arbitraire. Par analogie avec les équations différentielles ordinaires lorsqu'il y a racines doubles $xG(x+2y)$ ou $yG(x+2y)$ est la seconde solution linéairement indépendante, la solution générale de l'équation homogène est donc :

$u(x, y) = F(x+2y) + xG(x+2y)$.

Exemple 3

$\frac{\partial^2 u}{\partial x^2} - 4\frac{\partial^2 u}{\partial y^2} = e^{2x+y}$

Résolvons d'abord l'équation homogène $\frac{\partial^2 u}{\partial x^2} - 4\frac{\partial^2 u}{\partial y^2} = 0$

$e^{ax+by}(a^2 - 4b^2) = 0 \rightarrow a = \pm 2b$ $e^{b(2x+y)}$ et $e^{-b(2x-y)}$ sont les deux solutions indépendantes de l'équation homogène. La solution homogène est donc donnée par $F(2x+y) + G(2x-y)$ avec F et G fonctions arbitraires.

Employons la méthode des coefficients indéterminés pour trouver une solution particulière, en tenant compte que la fonction de support e^{2x+y} fait partie déjà de la solution homogène, le choix de la solution particulière sera axe^{2x+y} ou $ay\,e^{2x+y}$, en remplaçant axe^{2x+y} dans l'équation donnée par

$\frac{\partial^2 u}{\partial x^2} - 4\frac{\partial^2 u}{\partial y^2} = e^{2x+y}$ et en collectant les termes semblables on arrive à :

$4ae^{2x+y} = e^{2x+y} \to a = \frac{1}{4}$. Donc la solution de cette équation non homogène est d'après le théorème sur la solution générale égale à :

$u(x,y) = F(2x+y) + G(2x-y) + \frac{1}{4}e^{2x+y}$.

II) Résolutions des E.D.P. par intégration directe.

Exemple 1.

a) Trouver la solution de L'E.D.P donnée par

$\frac{\partial^2 z}{\partial x \partial y} = x^2 y$.

b) Trouver la solution particulière tel que $z(x,0) = x^2$ et $z(1,y) = \cos(y)$.

a)

$\frac{\partial^2 z}{\partial x \partial y} = \frac{\partial}{\partial x}\left(\frac{\partial z}{\partial y}\right) = x^2 y$ en intégrant les deux membres par rapport à x

$\left(\frac{\partial z}{\partial y}\right) = \frac{1}{3}x^3 y + F(y)$ F fonction *arbitraire de y*. En intégrant à nouveau, par rapport à y l'expression que l'on vient d'obtenir

$z = \frac{1}{6}x^3 y^2 + \int F(y)\,dy + G(x)$. Alors $z = z(x,y) = \frac{1}{6}x^3 y^2 + H(y) + G(x)$

$H(y)$ et $G(x)$, fonctions arbitraires.

b)

Si $z(x,0) = x^2 \to x^2 = H(0) + G(x)$ donc $G(x) = -H(0) + x^2$.

$z(x,y) = \frac{1}{6}x^3y^2 + H(y) - H(0) + x^2$.

Si $z(1,y) = \cos(y)$ alors $\cos(y) = \frac{1}{6}y^2 + H(y) - H(0) + 1 \to H(y) = \cos(y) - \frac{1}{6}y^2 - 1 + H(0)$. On a ainsi :

$z(x,y) = \frac{1}{6}x^3y^2 + \cos(y) - \frac{1}{6}y^2 - 1 + H(0) - H(0) + x^2 = \frac{1}{6}x^3y^2 + \cos(y) - \frac{1}{6}y^2 - 1 + x^2$ donc la solution est :

$z(x,y) = \frac{1}{6}x^3y^2 + \cos(y) - \frac{1}{6}y^2 - 1 + x^2$.

Exemple 2.

Trouver la solution de L'E.D.P. donnée par

$\frac{t\partial^2 u}{\partial x \partial t} + 2\frac{\partial u}{\partial x} = x^2$.

$\frac{\partial}{\partial x}(t\frac{\partial u}{\partial t} + 2u) = x^2$ En intégrant d'abord par rapport à x on obtient :

$\to t\frac{\partial u}{\partial t} + 2u = \frac{x^3}{3} + F(t) \to \frac{\partial u}{\partial t} + \frac{2u}{t} = \frac{x^3}{3t} + \frac{F(t)}{t}$ Qui est une équation différentielle linéaire du premier ordre, le facteur intégrant est $e^{\int \frac{2}{t}dt} = t^2$ en multipliant les deux membres par ce facteur intégrant :

$\frac{\partial}{\partial t}(t^2 u) = \frac{x^3 t}{3} + tF(t) \to t^2 u = \frac{x^3 t^2}{6} + \int tF(t)dt + H(x)$.

$t^2 u = \frac{x^3 t^2}{6} + \int tF(t)dt + H(x)$ ou $t^2 u = \frac{x^3 t^2}{6} + G(t) + H(x)$ est la forme implicite de la solution dans ce cas.

Exemple 3.

Trouver la solution $u(x,t)$ de L'E.D.P. donnée par

$\frac{\partial^2 u}{\partial x^2} = 12x^2(t+l)$ $u(0,t) = \cos(2t)$ et $\frac{\partial}{\partial x}u(0,t) = \sin(t)$

$\frac{\partial}{\partial x}\left(\frac{\partial u}{\partial x}\right) = 12x^2(t+l) \to \frac{\partial u}{\partial x} = 4x^3(t+l) + f(t)$.

$u = x^4(t+l) + xf(t) + g(t)$ où $f(t)$ et $g(t)$ sont des fonctions arbitraires.

$u(0,t) = \cos(2t) \rightarrow g(t) = \cos(2t)$. On a donc :

$u = x^4(t+l) + xf(t) + \cos(2t)$, mais le fait que $\frac{\partial}{\partial x}u(0,t) = \sin(t)$ donne

$\frac{\partial}{\partial x}u(0,t) = \sin(t) = 4(0)^3(t+l) + f(t)$ donc $f(t) = \sin(t)$

La solution pour cette équation est donc $u = x^4(t+l) + x\sin(t)) + \cos(2t)$.

Exemple 4.

Trouver la solution $u(x,y)$ de L'E.D.P. donnée par

$u_{xy} = \sin(x+y)$ $u_x(x,0) = 1$ et $u(0,y) = (y-1)^2$

$\frac{\partial^2 u}{\partial y \partial x} = \frac{\partial}{\partial y}\left(\frac{\partial}{\partial x}u\right) = \sin(x+y) \rightarrow \frac{\partial}{\partial x}u = -\cos(x+y) + \varphi(x)$

$u_x(x,0) = 1 \rightarrow 1 = -\cos(x) + \varphi(x)$ et $\varphi(x) = 1 + \cos(x)$

Donc $\frac{\partial}{\partial x}u = -\cos(x+y) + 1 + \cos(x) \rightarrow u = -\sin(x+y) + x + \sin(x) + k(y)$ en plus, $u(0,y) = (y-1)^2 = -\sin(y) + k(y)$ donc $k(y) = \sin(y) + (y-1)^2$.

La solution qu'on cherche est $u(x,y) = -\sin(x+y) + x + \sin(x) + \sin(y) + (y-1)^2$.

Exemple 5.

Trouver la solution $u(x,y)$ de L'E.D.P donnée par

$z_{xy} = \sin(x)\tan(y)$

$\frac{\partial^2 z}{\partial x \partial y} = \frac{\partial}{\partial x}\left(\frac{\partial}{\partial y}z\right) \rightarrow \frac{\partial}{\partial y}z = -\cos(x)\tan(y) + f(y)$

$z(x,y) = -\cos(x)\ln|\sec(y)| + \int f(y)dy + h(x)$ donc

$z(x,y) = -\cos(x)\ln|\sec(y)| + Q(y) + h(x)$. Q et h fonctions arbitraires.

Exemple 6.

Trouver la solution u(x, y) de L'E.D.P. donnée par

$u_{xy} = \sin(x)\cos(y)$ sujette aux conditions $u_x\left(x, \frac{\pi}{2}\right) = 2x$ et $u(\pi, y) = 2\sin(y)$

$\frac{\partial^2 u}{\partial y \partial x} = \frac{\partial}{\partial y}\left(\frac{\partial}{\partial x} u\right) \rightarrow \frac{\partial}{\partial x} u = \sin(x)\sin(y) + \varphi(x)$

$u_x\left(x, \frac{\pi}{2}\right) = 2x = \sin(x) + \varphi(x)$ ce qui donne $\varphi(x) = 2x - \sin(x)$, $\frac{\partial}{\partial x} u = \sin(x)\sin(y) - \sin(x) + 2x = -\sin(x)(1 - \sin(y)) + 2x$ alors $u(x, y) = x^2 + \cos(x)(1 - \sin(y)) + h(y)$

Comme $u(\pi, y) = 2\sin(y) = \pi^2 + \sin(y) - 1 + h(y) \rightarrow h(y) = \sin(y) - \pi^2 + 1$

On a donc, $u(x, y) = x^2 + \cos(x)(1 - \sin(y)) + \sin(y) - \pi^2 + 1$.

III) Résolutions des E.D.P. par la méthode de séparation de variable.

Dans ce chapitre, nous allons examiner une des méthodes les plus employée pour résoudre des E.D.P. Cette méthode est connue sous l'appellation de méthode de séparation de variables. Notons que cette méthode ne donne pas de résultats pour n'importe quelle E.D.P. Elle va cependant nous être utile pour la résolution des équations de la physique, que nous allons étudier dans les prochaines sections du chapitre soit l'équation à une dimension de la chaleur sans source, celle de la corde vibrante à une dimension et l'équation de Laplace à deux dimensions $\nabla^2 u = 0$. Notons que l'on ne peut employer la séparation de variables sur un E.D.P. que s'il s'agit d'une équation différentielle aux dérivées partielles linéaires et homogènes avec des conditions aux limites également linéaires et homogènes. La solution trouvée vérifiera rarement la condition initiale. Mais comme nous les verrons, si la ou les conditions initiales satisfont des critères simples, on pourra générer la solution du problème qui vérifie toutes les conditions. Pour appliquer la méthode, on se base sur le fait qu'il existe une solution produit de la forme $u(x,t) = X(x)Y(t)$ où $X(x)\,et\,Y(t)$ sont des fonctions à une variable en x et t respectivement, et cette solution satisfera les conditions aux limites linéaires et homogènes. Comme nous allons voir dans les exemples qui suivent nous allons réduire les E.D.P. à deux équations différentielles ordinaires. Commençons par la résolution des E.D.P. de premier ordre linéaire et homogène.

IV) Exemples d'application de la méthode.

Exemple 1 :

Trouver par séparation de variables, de l'E.D.P.

$\frac{\partial u}{\partial x} = 4 \frac{\partial u}{\partial y}$ avec la condition initiale, $u(0, y) = e^{-3y}$

Commençons par supposer qu'il existe une solution $u(x, y) = X(x)Y(y)$.

Alors $\frac{\partial u}{\partial x} = X'(x)Y(t)$ et $\frac{\partial u}{\partial y} = X(x)Y'(t)$. En remplaçant dans $\frac{\partial u}{\partial x} = 4 \frac{\partial u}{\partial y}$ on a $X'Y = 4XY'$ d'où l'on déduit $\frac{X\prime}{4X} = \frac{Y\prime}{y}$

La quantité à gauche est une fonction de x et celle de droite est une fonction de y donc la seule façon d'avoir l'égalité c'est uniquement, si elles sont toutes les deux égales à la même constante λ>0. Le choix du signe attribué à λ dépendra des deux équations différentielles obtenues ainsi que des conditions aux limites. Pour faciliter la résolution nous prendrons certaines fois λ ou d'autres fois -λ. Ce problème se présentera comme on le verra pour les E.D.P. du second ordre. Suivant le choix λ ou – λ, est dite la constante de séparation λ est toujours un nombre positif. Dans ce problème λ étant la variable de séparation on a donc les deux équations : 1) $\frac{X'}{4X} = \lambda$ et 2) $\frac{Y'}{y} = \lambda$ ce sont deux équations différentielles ordinaires du premier ordre. La solution de 1) est $X(x) = Ae^{4\lambda x}$ et celle de 2) est $Y(x) = Be^{\lambda y}$ ce qui donne la solution produit $u(x, y) = X(x)Y(y) = ke^{4\lambda x}e^{\lambda y}$, $k = AB$. Examinons à présent la condition initiale :

$u(0, y) = e^{-3y}$ Comme $u(0, y) = ke^{\lambda y} = 8e^{-3y}$ on déduit que $k = 8$ et $\lambda = -3$. La solution de cet E.D.P. vérifiant la condition initiale est donc $X(x)Y(y) = 8e^{12x}e^{-3y} = 8e^{12x-3y}$.

Exemple 2.

Trouver par séparation de variables, la solution de l'E.D.P.

$\frac{\partial u}{\partial x} = \frac{\partial u}{\partial y}$ avec la condition initiale, $u(0,y) = 8e^{-3y} + 4e^{-5y}$

Nous notons que c'est le même problème que l'exemple 1, avec une condition initiale différente. La solution que nous avons trouvée par séparation de variable est : $u(x,y) = u(x,y) = X(x)Y(y) = ke^{4\lambda x}e^{\lambda y}$ cette fois cependant on a $u(0,y) = 8e^{-3y} + 4e^{-5x}$

Par le principe de superposition on sait que $k_1 e^{4\lambda_1 x}e^{\lambda_1 y} + k_2 e^{4\lambda_2 x}e^{\lambda_2 y}$ est aussi solution, de la même équation homogène. Donc :

$u(x,y) = k_1 e^{4\lambda_1 x}e^{\lambda_1 y} + k_2 e^{4\lambda_2 x}e^{\lambda_2 y}$, est une solution de cette équation et $u(0,y) = 8e^{-3y} + 4e^{-5y} = k_1 e^{\lambda_1 y} + k_2 e^{\lambda_2 y}$.

On doit avoir par identification $k_1 = 8, \lambda_1 = -3, k_2 = 4, \lambda_2 = -5$. Alors la solution de l'E.D.P. est $u(x,y) = 8e^{-12x-3y} + 4e^{-20x-5y}$.

Exemple 3.+

Trouver la solution la solution générale de l'E.D.P.

$\frac{\partial u}{\partial t} = \frac{\partial u}{\partial x} - 2u$ avec condition initiale $u(x,0) = 10e^{-x} - 6e^{-4x}$. L'E.D.P. est homogène. Résolvons le par séparation de variables soit donc $u(x,t) = X(x)Y(t)$ en remplaçant $u(x,t)$ et ses différentielles partielles dans l'équation on obtient $X(x)Y'(t) = X'(x)Y(t) - 2X(x)Y(t)$ ensuite en divisant les deux membres de cette équation par $X(x)Y(t)$ on a $\frac{Y'(t)}{Y(t)} = \frac{X'(x)}{X(x)} - 2$. Soit, $\lambda>0$ la variable de séparation ceci donne les deux équations différentielles ordinaires : 1) $\frac{Y'(t)}{Y(t)} = \lambda$ et 2) $\frac{X'(x)}{X(x)} = 2 + \lambda$. La solution de 1) est $Y(t) = Ae^{\lambda t}$ celle de 2 est donnée par $X(x) = Be^{(\lambda+2)x}$ et $u(x,t) = ke^{\lambda t}e^{(\lambda+2)x}$ $k = AB$.

Par le lemme de superposition alors :

$u(x,t) = k_1 e^{\lambda_1 t}e^{(\lambda_1+2)x} + k_2 e^{\lambda_2 t}e^{(\lambda_2+2)x}$, est aussi solution. Par le fait que :

$u(x,0) = 10e^{-x} - 6e^{-4x} = k_1 e^{\lambda_1 0} e^{(\lambda_1+2)x} + k_2 e^{\lambda_2 0} e^{(\lambda_2+2)x} = k_1 e^{(\lambda_1+2)x} + k_2 e^{(\lambda_2+2)x}$ on déduit les valeurs $k_1 = 10, (\lambda_1 + 2) = -1, k_2 = -6$ et $(\lambda_2 + 2) = -4$ d'où $\lambda_1 = -3$ et $\lambda_2 = -6$. La solution générale est alors donnée par : $u(x,t) = 10e^{-3t-x} - 6e^{-6t-4x}$.

Donnons des exemples traitant d'équations différentielles linéaires et homogènes d'ordre deux avec condition aux limites également homogènes

Exemple 4.

Résoudre par séparation de variables l'E.D.P

$\frac{\partial u}{\partial t} = 2 \frac{\partial^2 u}{\partial x^2}$ $0 < x < 3\ t > 0$ si $u(0,t) = 0, u(3,t) = 0$.

$u(x,0) = 5\sin(4\pi x) - 3\sin(8\pi x) + 2\sin(10\pi x)$ et $|u(x,t)| < M$.

Examinons les données de l'équation, elle est du second ordre en x et on a pour une solution unique, deux conditions aux limites pour x et une seule condition pour t ce qui est normal puisque elle est de premier ordre en t. $|u(x,t)| < M$ nous dit que la solution est bornée sur [0, 3]. Nous allons séparer cette équation en une équation différentielle du premier ordre en t et un P.V.L. du second ordre en x avec deux conditions aux limites. On prêtera une attention particulière à la façon dont on choisira le signe de λ pour réaliser la séparation et obtenir les équations voulues.

Soit donc $u(x,t) = X(x)Y(t)$. Remplaçons en dérivant correctement dans $\frac{\partial u}{\partial t} = 2 \frac{\partial^2 u}{\partial x^2}$ on a $X(x)Y'(t) = 2X''(x)Y(t) \to \frac{Y'(t)}{2Y(t)} = \frac{X''(x)}{X(x)}$.

Quel doit être le signe de la variable de séparation λ ? Nous devons avoir des solutions pour le P.V.L. donné par $\frac{X''(x)}{X(x)} = \lambda$ avec les conditions aux limites $u(0,t) = 0, u(3,t) = 0$. Par ce que nous savons des P.V.L. $X''(x) + \lambda X(x) = 0$ admet des solutions non triviales si λ>0 donc si $\frac{X''(x)}{X(x)} = -\lambda$.

Nous devons prendre alors pour ce problème $-\lambda$ pour variable de séparation ce qui donne 1) $\frac{Y'(t)}{2Y(t)} = -\lambda$ et 2) $\frac{X''(x)}{X(x)} = -\lambda$. La solution de 1) est $Y(t) = A_1 e^{-2\lambda t}$ et celle de l'équation du second ordre 2) est $X(x) = B_1 \cos(\sqrt{\lambda}x) + B_2 \sin(\sqrt{\lambda}x)$ donc $u(x,t) = A_1 e^{-2\lambda t}(B_1 \cos(\sqrt{\lambda}x) + B_2 \sin(\sqrt{\lambda}x))$. Voyons les conditions aux limites si $u(0,t) = 0$ alors $X(0)Y(t) = 0$ donc $X(0) = 0 \rightarrow B_1 = 0$ car $Y(t) \neq 0$. Avec la deuxième condition on obtient $B_2 \sin(3\sqrt{\lambda})Y(t) = 0$. Mais B_2 et $Y(t)$ sont différents de 0 si on cherche une solution unique on doit donc avoir $\sin(3\sqrt{\lambda}) = 0$ $3\sqrt{\lambda} = n\pi$ $n = 1, 2, 3 \ldots \rightarrow \lambda = \left(\frac{n\pi}{3}\right)^2$.

La solution de cette équation qui satisfait les conditions aux limites est

$$u(x,t) = A_1 e^{-2\left(\frac{n\pi}{3}\right)^2 t} B_2 \sin\left(\frac{n\pi}{3}x\right) = k_1 e^{-2\left(\frac{n_1\pi}{3}\right)^2 t} \sin\left(\frac{n_1\pi}{3}x\right) \quad k_1 = A_1 B_2.$$

Par le lemme de superposition $u(x,t) = k_1 e^{-2\left(\frac{n_1\pi}{3}\right)^2 t} \sin\left(\frac{n_1\pi}{3}x\right) + k_2 e^{-2\left(\frac{n_2\pi}{3}\right)^2 t} \sin\left(\frac{n_2\pi}{3}x\right) + k_3 e^{-2\left(\frac{n_3\pi}{3}\right)^2 t} \sin\left(\frac{n_3\pi}{3}x\right)$ est aussi solution.

Si cette solution vérifie la condition initiale alors $u(x,0) = 5\sin(4\pi x) - 3\sin(8\pi x) + 2\sin(10\pi x) = k_1 \sin\left(\frac{n_1\pi}{3}x\right) + k_2 \sin\left(\frac{n_2\pi}{3}x\right) + k_3 \sin\left(\frac{n_3\pi}{3}x\right)$.

On a par identification $k_1 = 5, n_1 = 12, k_2 = -3, n_2 = 24, k_3 = 2, n_3 = 30$. La solution générale de cet E.D.P. qui satisfait les conditions aux limites et la condition initiale est donnée par :

$$u(x,t) = 5e^{-32\pi^2 t} \sin(4\pi x) - 3e^{-64\pi^2 t} \sin(8\pi x) + 2e^{-200\pi^2 t} \sin(10\pi x).$$

Exemple 5.

Résoudre par séparation de variables l'E.D.P

$$\frac{\partial u}{\partial t} = 2\frac{\partial^2 u}{\partial x^2} \quad 0 < x < 3, t > 0 \quad si \; u(0,t) = 0, u(3,t) = 0$$

$u(x, 0) = f(x) |u(x,t)| < M, f(x)$ est une fonction continue par morceaux sur $[0, 3]$.

Ce problème est identique celui de l'exemple précédent et ne diffère de celui-ci que par la condition $u(x, 0) = f(x)$. Prendre un nombre fini des solutions homogènes $k_1 e^{-2\left(\frac{n_1\pi}{3}\right)^2 t} \sin\left(\frac{n_1\pi}{3}x\right)$ n'est pas suffisant et nous devons assumer cette fois qu'on doit prendre une combinaison linéaire infinie de solutions homogènes pour écrire $u(x, 0) = f(x) = \sum_{m=1}^{\infty} K_m \sin\left(\frac{m\pi}{3}x\right)$. On reconnaît alors la série sinus de Fourier de $f(x)$ sur $[0, 3]$ et par ce que nous savons

$K_m = \frac{2}{3}\int_0^3 f(x)\sin\left(\frac{m\pi}{3}x\right)dx \quad m = 1, 2, 3 \ldots$

La solution de ce problème sera :

$u(x, t) = \sum_{m=1}^{\infty} e^{-2\left(\frac{m\pi}{3}\right)^2 t} \left[\frac{2}{3}\int_0^3 f(x)\sin\left(\frac{m\pi}{3}x\right)dx\right] \sin\left(\frac{m\pi}{3}x\right).$

V) Résumé sur la méthode de séparation de variables.

Voici un aperçu de la méthode de séparation de variables pour les équations aux dérivées partielles à deux variables

1-Vérifier que l'équation aux dérivées partielle est bien homogène.

2-Vérifier que les conditions aux limites sont bien définies, ceci dépendra de la donnée du problème.

Procéder de la façon suivante pour appliquer la méthode.

a- S'il y a des conditions aux limites, on doit vérifier que ces conditions sont linéaires et homogènes.

b- S'il n'y a pas de conditions initiales, alors toutes les conditions aux limites données doivent être nulles sauf une de ces conditions. Ce cas se présentera pour l'équation de Laplace comme nous verrons plus loin.

c-Dans certains cas une des conditions aux limites indiquera que la solution est bornée on doit donc s'assurer que la solution obtenue est finie sur l'intervalle demandé.

d- Assumer qu'il existe une solution produit des deux fonctions chacune d'elle dépendant d'une des variables du problème.

e-Substituer cette solution produit dans l'équation, opérer la séparation de variable et choisir la variable $\pm\lambda$ $\lambda > 0$, pour avoir ainsi deux équations différentielles ordinaires.

f-Résoudre l'équation différentielle qui est un P.V.L. pour connaitre la forme de la solution $X(x)$ et l'autre équation pour connaitre aussi la forme de la solution $T(t)$ qui qui dépendront de la variable de séparation.

g-Résoudre les conditions aux limites homogènes avec la solution produit provisoire $X(x)T(t)$ pour déterminer les valeurs propres et fonctions propres en utilisant toutes les conditions aux limites homogènes Notons que c'est souvent la partie la plus difficile de la résolution.

h-Reconstruire la solution produit avec les données trouvées au numéro g.

i- Utiliser le principe de superposition et la solution produit pour déterminer la solution qui satisfait aussi bien les conditions aux limites et la condition initiale décrivant une fonction $f(x)$.

j-Remplacer la condition initiale dans la solution générale et à défaut, la condition aux limites non homogène pour déterminer $f(x)$ soit par identification dans le cas d'une expression finie ou par série de Fourier si $f(x)$ n'est pas définie. Trouver de cette manière les coefficients.

k-Réécrire la solution finale avec le plus de précision possible.

VI) Résolution des équations aux dérivées partielles de la Physique.

I- Équation de la chaleur.

A-Contexte mathématique.

La première équation aux dérivées partielles (E.D.P.) que nous allons voir est l'équation de la chaleur, qui caractérise la distribution de la chaleur dans un objet comme une barre rigide. Nous allons résoudre une seule forme de cette équation, celle de la chaleur à une dimension qui est la plus utilisée.

Cette équation est donnée par :

$c(x)\rho(x)\frac{\partial u}{\partial t} = -\frac{\partial \varphi}{\partial x} + Q(x,t)$. (1) $u(x,t)$ représente la température le long d'une barre rigide au temps t. c=c(x) est la chaleur spécifique en un point de la barre, c'est la quantité d'énergie nécessaire pour élever d'une unité de température, l'unité de masse. Notons que la chaleur spécifique dépend de la température, nous conviendrons que la différence de température n'est pas significative pour affecter la solution et traiterons c(x) comme constante. Nous supposerons aussi que la densité $\rho(x)$ est uniformément constante le long de la barre. $\varphi(x,t)$ le flux de chaleur, est la quantité d'énergie thermique qui circule à la droite par unité de surface. Si $\varphi(x,t) > 0$ au point x au temps t le flux circule vers la droite et si $\varphi(x,t) < 0$ le flux circule à gauche de ce point.

En règle générale, le flux de chaleur se déplace de la partie la plus chaude d'une région vers la partie la moins chaude.

Finalement $Q(x,t)$ est la source d'énergie externe. Si $Q(x,t) > 0$ l'énergie de la source s'ajoute au système et elle se déduit du système pour $Q(x,t) < 0$.

Bien qu'on ait une forme générale de l'équation de la chaleur, l'équation donnée par 1) n'est pas résoluble car elle contient deux variables u et φ.

Heureusement, l'équation se simplifie avec l'aide de la loi de Fourier (1768-1830) pour la conduction thermique qui s'écrit en une dimension $\varphi(x,t) = -K_0(x)\frac{\partial u}{\partial x}$. $K_0(x) > 0$, représente la conductivité thermique c'est-à-dire la quantité d'énergie transférée par unité de sur face et par unité de temps pour une unité de température. Comme la chaleur spécifique, la conductivité thermique varie avec la température et la location d'un point sur la barre. Si nous assumons que le changement total de température n'est pas si grand pour affecter la solution on peut considérer $K_0(x)$ comme une constante K, ne changeant pas avec la température.

Si on remplace dans l'équation (1) la loi de Fourier on obtient :

$$c(x)\rho(x)\frac{\partial u}{\partial t} = K_0 \frac{\partial^2 u}{\partial x^2} + Q(x,t). \quad (2)$$

Si le matériel de la barre est uniforme nous avons que $c(x) = c_0$ $\rho(x) = \rho_0$ et $K_0(x) = K_0$ sont des constantes. En plus si on appelle $k = \frac{K_0}{c_0 \rho_0}$ le facteur de diffusivité thermique du matériel on peut alors simplifier (2) pour obtenir :

$$\frac{\partial u}{\partial t} = k \frac{\partial^2 u}{\partial x^2} + \frac{Q(x,t)}{c_0 \rho_0}.$$

Enfin si on suppose qu'aucune source thermique n'est présente nous obtenons alors l'équation de la chaleur sans source,

$$\frac{\partial u}{\partial t} = k \frac{\partial^2 u}{\partial x^2}$$

Conditions aux limites et conditions initiales.

La condition initiale sera $u(x,0) = f(x)$ est une condition en t qui indique la température initiale de la barre, pour obtenir une solution unique. L'équation de la chaleur possède une dérivée de second ordre dans la variable spatiale x, il y aura donc deux conditions aux limites en x pour obtenir une solution unique.

1-Si les conditions limites de températures sont imposées on les appelle les conditions de Dirichlet. Ces conditions sont :

$u(0,t) = g_1(t), u(L,t) = g_2(t)$.

2-1-Si les conditions limites de flux sont imposées, on les appelle les conditions Newman. Ces conditions sont :

$-K_0(0)\frac{\partial u}{\partial x}(0,t) = \varphi_1(t),\ K_0(L)\frac{\partial u}{\partial x}(L,t) = \varphi_2(t)$.

Dans le cas des parois parfaitement isolées il n'y a pas de flux de chaleur et les conditions se réduisent aux conditions limites des parois isolées.

$\frac{\partial u}{\partial x}(0,t) = 0\ \frac{\partial u}{\partial x}(L,t) = 0$.

Un troisième cas intéressant est la condition aux limites de convection ou conditions de Robins.

$-K_0(0)\frac{\partial u}{\partial x}(0,t) = -H(u(0,t) - g_1(t)), -K_0(L)\frac{\partial u}{\partial x}(L,t) = H(u(L,t) - g_2(t))$.

Où H est le facteur de convection et $g_1(t), g_2(t)$ donne la température de l'air aux limites de la barre. Ici, il faut être attentif au signe du coefficient de proportionnalité. Si le barreau est plus chaud que le fluide avoisinant, la chaleur aura tendance à s'échapper du barreau. On a donc un flux de chaleur négatif en $x = 0$, d'où le signe négatif dans l'équation. Par contre en $x = L$, le signe devra être changé.

Le type final de conditions aux limites que nous allons examiner pour cette équation sont les conditions aux limites périodiques elles sont données par :

$u(-L,t) = u(L,t)\ et\ \frac{\partial}{\partial x}u(-L,t) = \frac{\partial}{\partial x}u(L,t)$

Avec ces conditions la limite de départ est $x= -L$ au lieu de $x=0$.

Notons finalement qu'il existe la version à deux dimensions de l'équation de la chaleur, elle est donnée par l'équation :

$\frac{\partial u}{\partial t} = k \nabla^2 u$ où $\nabla^2 u = \frac{\partial^2 u}{\partial x^2} + \frac{\partial^2 u}{\partial y^2}$.

B-Résolution de l'équation de la chaleur avec différentes conditions aux limites.

1-Conditions aux limites prescrites de Dirichlet

Problème 1.

Trouver la solution de l'E.D.P. suivant qui satisfait les conditions aux limites :

$\frac{\partial u}{\partial t} = k \frac{\partial^2 u}{\partial x^2}$ $u(0,t) = 0, u(L,t) = 0$ et $u(x,0) = f(x)$

Soit $u(x,t) = \varphi(x)G(t)$ en remplaçant dans l'équation on trouve $\varphi(x)G'(t) = k\varphi''(x)G(t)$ et l'on déduit que $\frac{\varphi''(x)}{\varphi(x)} = \frac{G'(t)}{kG(t)}$ d'où les deux équations si $-\lambda$ est la constante de séparation avec $\lambda > 0$.

1) $\frac{\varphi''(x)}{\varphi(x)} = -\lambda$ et 2) $\frac{G'(t)}{kG(t)} = -\lambda$. 1) a pour équation $m^2 + \lambda = 0$, on a donc $\varphi(x) = c_1 \cos(\sqrt{\lambda}x) + c_2 \sin(\sqrt{\lambda}x)$ et celle de 2) est $G(t) = c_3 e^{-k\lambda t}$ donc $u(x,t) = \varphi(x)G(t) = c_3 e^{-k\lambda t} \left(c_1 \cos(\sqrt{\lambda}x) + c_2 \sin(\sqrt{\lambda}x) \right)$.

Occupons-nous des conditions initiales si $u(0,t) = 0$ cela entraîne que $\varphi(0)G(t) = 0$ donc $\varphi(0) = 0$ et $c_1 = 0$ De la même façon $u(L,t) = 0$ cela entraîne que $\varphi(L)G(t) = 0$ donc $\varphi(L) = c_2 \sin(\sqrt{\lambda}L) = 0$.

Comme on cherche une solution non nulle $c_2 \neq 0$ et $\sin(\sqrt{\lambda}L) = 0$.

On déduit que $\lambda = \left(\frac{n\pi}{L}\right)^2$ et la solution répondant aux conditions aux limites est $u_n(x,t) = c_3 c_2 e^{-k\left(\frac{n\pi}{L}\right)^2 t} \sin\left(\frac{n\pi}{L}x\right) = M_n e^{-k\left(\frac{n\pi}{L}\right)^2 t} \sin(\frac{n\pi}{L}x)$ est une solution de l'équation homogène vérifiant les conditions aux limites données. Par le lemme de superposition $u(x,t) = \sum_{n=1}^{\infty} M_n e^{-k\left(\frac{n\pi}{L}\right)^2 t} \sin(\frac{n\pi}{L}x)$ est aussi solution de cette équation homogène. Si elle doit satisfaire $u(x,0) = f(x)$, alors $u(x,0) = f(x) = \sum_{n=1}^{\infty} M_n \sin(\frac{n\pi}{L}x)$. Nous reconnaissons la série sinus de Fourier de $f(x)$ sur [0, L] et d'après ce que nous savons des séries de Fourier on a : $M_n = \frac{2}{L}\int_0^l f(x) \sin\left(\frac{n\pi}{L}x\right) dx$.

La solution complète qui satisfait toutes les conditions est :

$$u(x,t) = \sum_{n=1}^{\infty} \left[\frac{2}{L}\int_0^l f(x) \sin\left(\frac{n\pi}{L}x\right) dx\right] e^{-k\left(\frac{n\pi}{L}\right)^2 t} \sin(\frac{n\pi}{L}x) \ .$$

Problème 2.

Trouver la solution de l'E.D.P. suivant qui satisfait les conditions aux limites : $\frac{\partial u}{\partial t} = k\frac{\partial^2 u}{\partial x^2}$ $u(0,t) = 0, u(L,t) = 0$ et $u(x,0) = f(x)$ si on a:

a) $f(x) = 6\sin\left(\frac{\pi}{L}x\right)$ b) $f(x) = 12\sin\left(\frac{9\pi}{L}x\right) - 7\sin\left(\frac{4\pi}{L}x\right)$.

Nous avons trouvé au problème précédent que la solution produit qui remplit les conditions aux limites de cet E.D.P est donnée par :

$$u_n(x,t) = M_n e^{-k\left(\frac{n\pi}{L}\right)^2 t} \sin\left(\frac{n\pi}{L}x\right) \rightarrow u(x,0) = 6\sin\left(\frac{\pi}{L}x\right) = M_n \sin\left(\frac{n\pi}{L}x\right) \ .$$

On doit donc avoir $M_n = 6$, $n = 1$. La solution est alors :

$$u(x,t) = 6e^{-k\left(\frac{\pi}{L}\right)^2 t} \sin\left(\frac{\pi}{L}x\right).$$

Le lecteur peut vérifier que cette solution satisfait toutes les conditions données.

b) Par le lemme de superposition nous avons aussi la solution :

$$u(x,t) = M_1 e^{-k\left(\frac{n_1\pi}{L}\right)^2 t} \sin\left(\frac{n_1\pi}{L}x\right) + M_2 e^{-k\left(\frac{n_2\pi}{L}\right)^2 t} \sin\left(\frac{n_2\pi}{L}x\right) \text{ alors :}$$

$$u(x,0) = M_1 \sin\left(\frac{n_1\pi}{L}x\right) + M_2 \sin\left(\frac{n_2\pi}{L}x\right) = 12\sin\left(\frac{9\pi}{L}x\right) - 7\sin\left(\frac{4\pi}{L}x\right)$$

Donc on aura par identification :

$M_1 = 12, n_1 = 9$ et $M_2 = -7, n_2 = 4$. La solution de l'équation de ce problème est alors :

$$u(x,t) = 12\sin\left(\frac{9\pi}{L}x\right)e^{-k\left(\frac{9\pi}{L}\right)^2 t} - 7\sin\left(\frac{4\pi}{L}x\right)e^{-k\left(\frac{4\pi}{L}\right)^2 t}.$$

Notons que toutes les conditions sont vérifiées car :

$$u(0,t) = 12\sin(0)e^{-k\left(\frac{9\pi}{L}\right)^2 t} - 7\sin(0)e^{-k\left(\frac{4\pi}{L}\right)^2 t} = 0$$

$$u(L,t) = 12\sin(9\pi)e^{-k\left(\frac{9\pi}{L}\right)^2 t} - 7\sin(4\pi)e^{-k\left(\frac{4\pi}{L}\right)^2 t} = 0.$$

$$u(x,0) = 12\sin\left(\frac{9\pi}{L}x\right)e^{-k\left(\frac{9\pi}{L}\right)^2(0)} - 7\sin\left(\frac{4\pi}{L}x\right)e^{-k\left(\frac{4\pi}{L}\right)^2(0)} = 12\sin\left(\frac{9\pi}{L}x\right) - 7\sin\left(\frac{4\pi}{L}x\right)$$

Problème 3.

Trouver la solution de l'E.D.P. suivant qui satisfait les conditions aux limites.

$\frac{\partial u}{\partial t} = k\frac{\partial^2 u}{\partial x^2}$ $u(0,t) = 0, u(L,t) = 0$ et $u(x,0) = 20$.

Nous avons déjà trouvé au problème 1 que la solution générale de l'équation homogène est $u(x,t) = \sum_{n=1}^{\infty} M_n e^{-k\left(\frac{n\pi}{L}\right)^2 t} \sin(\frac{n\pi}{L}x)$. Donc pour la condition $u(x,0) = 20 = \sum_{n=1}^{\infty} M_n \sin(\frac{n\pi}{L}x)$. La série de droite est la série sinus de Fourier de 20 dans l'intervalle [0, L]. Par ce que nous savons des séries de Fourier :

$$M_n = \frac{2}{L}\int_0^l 20\sin\left(\frac{n\pi}{L}x\right) = \frac{2}{L}\left(\frac{20L}{n\pi}\right)\left[-\cos\left(\frac{n\pi}{L}x\right)\right]_0^l = \frac{40}{n\pi}(1-(-1)^n).$$

Pour la condition initiale $u(x,0) = 20$ la solution de l'équation s'écrit donc

$$u(x,t) = \sum_{n=1}^{\infty} \frac{40}{n\pi}(1-(-1)^n)e^{-k\left(\frac{n\pi}{L}\right)^2 t}\sin(\frac{n\pi}{L}x).$$

Conditions aux limites de Newman sur le flux.

Problème 4.

Trouver la solution de l'E.D.P. suivant qui satisfait les conditions aux limites :

$$\frac{\partial u}{\partial t} = k\frac{\partial^2 u}{\partial x^2} \quad \frac{\partial u}{\partial x}(0,t) = 0, \frac{\partial u}{\partial x}(L,t) = 0 \text{ et } u(x,0) = f(x).$$

Dans ce problème nous avons l'équation de la chaleur sans source avec les conditions aux limites du flux de chaleur pour des parois parfaitement isolées.

Soit $u(x,t) = \varphi(x)G(t)$ en remplaçant dans l'équation on trouve

$\varphi(x)G'(t) = k\varphi''(x)G(t)$ et l'on déduit que $\frac{\varphi''(x)}{\varphi(x)} = \frac{G'(t)}{kG(t)}$ d'où les deux équations qu'on obtient avec $-\lambda$ comme constante de séparation.

1) $\frac{\varphi''(x)}{\varphi(x)} = -\lambda$, et 2) $\frac{G'(t)}{kG(t)} = -\lambda$. La solution de 1) est donnée par

$c_1\cos(\sqrt{\lambda}x) c_2\sin(\sqrt{\lambda}x))$ celle de 2) est $G(t)$ est $c_3 e^{-k\lambda t}$ donc $u(x,t) = \varphi(x)G(t) = c_3 e^{-k\lambda t}(c_1\cos(\sqrt{\lambda}x) + c_2\sin(\sqrt{\lambda}x))$.

Avec ce type de conditions aux limites on a que $\frac{\partial u}{\partial x}(0,t)=0$ entraîne que

$c_3 e^{-k\lambda t}(-c_1\sqrt{\lambda}\sin(\sqrt{\lambda}0) + c_2\sqrt{\lambda}\cos(\sqrt{\lambda}0)) = 0$ si $c_3 e^{-k\lambda t} \neq 0 \rightarrow c_2 = 0$ et $u(x,t) = c_3 e^{-k\lambda t} c_1\cos(\sqrt{\lambda}x)$. La seconde condition aux limites entraîne aussi $\frac{\partial u}{\partial x}(L,t) = -c_1 c_3 e^{-k\lambda t}\sqrt{\lambda}\sin(\sqrt{\lambda}L) = 0$

Pour trouver une solution non nulle c_1 et c_3 doivent être différents de 0. $\rightarrow \sin(\sqrt{\lambda}L) = 0 \rightarrow \lambda = \left(\frac{n\pi}{L}\right)^2$. La solution produit est donc

$u_n(x,t) = c_3 e^{-k\left(\frac{n\pi}{L}\right)^2 t} c_1 \cos\left(\frac{n\pi}{L}x\right) = M_n e^{-k\left(\frac{n\pi}{L}\right)^2 t} \cos\left(\frac{n\pi}{L}x\right)$. On sait que par le lemme de superposition $u(x,t) = \sum_{n=1}^{\infty} M_n e^{-k\left(\frac{n\pi}{L}\right)^2 t} \cos\left(\frac{n\pi}{L}x\right)$ est aussi solution de l'équation homogène vérifiant les conditions aux limites.

Si $u(x,0) = f(x)$ alors $f(x) = \sum_{n=1}^{\infty} M_n \cos\left(\frac{n\pi}{L}x\right)$ qui est la série cosinus de Fourier de $f(x)$. On sait que $M_n = \begin{cases} \frac{1}{L}\int_0^L f(x)dx, & n = 0 \\ \frac{2}{L}\int_0^L f(x) \cos\left(\frac{n\pi}{L}x\right)dx, & n > 0 \end{cases}$

La solution est donc :

$$u(x,t) = \frac{1}{L}\int_0^L f(x)dx + \sum_{n=1}^{\infty}\left[\frac{2}{L}\int_0^L f(x)\cos\left(\frac{n\pi}{L}x\right)dx\right]\cos\left(\frac{n\pi}{L}x\right)$$

Conditions aux limites périodiques.

Problème 5.

Nous allons considérer la distribution de température sur un anneau très fin comme illustré par la figure ci-dessus. Nous supposerons que la surface latérale de l'anneau est parfaitement isolée et que l'anneau est si fin que la température ne varie pas si on s'éloigne du centre de l'anneau. A partir d'un point repère convenons de mesurer x positif si on effectue un déplacement dans le sens antihoraire ou positif et x négatif pour un déplacement dans le sens négatif. On retournera donc au point de référence pour $x=L$ ou $x=-L$ si L est la circonférence de l'anneau. Nous pouvons considérer alors ces deux extrémités comme une barre de longueur 2L et donc pour ces deux points les températures ainsi que le flux de chaleur sont les mêmes. C'est à dire $u(-L,t) = u(L,T)$ et $\frac{\partial u}{\partial x}(-L,t) = \frac{\partial u}{\partial x}(L,t)$.

X=-L X=L

X=0

Trouver la solution de l'E.D.P

$\frac{\partial u}{\partial t} = k \frac{\partial^2 u}{\partial x^2}$ $u(-L,t) = u(L,T)$, $\frac{\partial u}{\partial x}(-L,t) = \frac{\partial u}{\partial x}(L,t)$ et $u(x,0) = f(x)$.

Les conditions aux limites sont homogènes car elles peuvent être réécrites comme

$u(-L,t) - u(L,T) = 0$, $\frac{\partial u}{\partial x}(-L,t) - \frac{\partial u}{\partial x}(L,t) = 0$. Soit $u(x,t) = \varphi(x)G(t)$

En appliquant la séparation de variables on aura $\varphi(x)G'(t) = k\varphi''(x)G(t)$ et l'on déduit que $\frac{\varphi''(x)}{\varphi(x)} = \frac{G'(t)}{kG(t)}$ d'où les deux équations si $-\lambda$ est la constante de séparation on aura 1) $\frac{\varphi''(x)}{\varphi(x)} = -\lambda$ et 2) $\frac{G'(t)}{kG(t)} = -\lambda$. La solution de 1) est donnée par :

$c_1 \cos(\sqrt{\lambda}x) + c_2 \sin(\sqrt{\lambda}x))$ celle de 2) est $G(t) = e^{-k\lambda t}$ donc $u(x,t) = \varphi(x)G(t) = c_3 e^{-k\lambda t} (c_1 \cos(\sqrt{\lambda}x) + c_2 \sin(\sqrt{\lambda}x))$.

On a par la condition $u(-L,t) = u(L,T)$ que $\varphi(-L)G(t) = \varphi(L)G(t)$ et donc

$\varphi(-L) = \varphi(L) \to c_1 \cos(L\sqrt{\lambda}) + c_2 \sin(L\sqrt{\lambda}) = c_1 \cos(-L\sqrt{\lambda}) + c_2 \sin(-L\sqrt{\lambda})$ donc $2c_2 \sin(L\sqrt{\lambda}) = 0$. On peut avoir c_2 ou $\sin(L\sqrt{\lambda}) = 0$.

Voyons ce que donne la seconde condition $\frac{\partial u}{\partial x}(-L, t) = \frac{\partial u}{\partial x}(L, t)$:

$\varphi'(-L)G(t) = \varphi'(L)G(t) \to \varphi'(-L) = \varphi'(L)$ car $G(t) \neq 0$

$-c_1\sqrt{\lambda}\sin(-L\sqrt{\lambda}) + c_2\sqrt{\lambda}\cos(-L\sqrt{\lambda}) = -c_1\sqrt{\lambda}\sin(L\sqrt{\lambda}) + c_2\sqrt{\lambda}\cos(L\sqrt{\lambda})$

$2c_1\sqrt{\lambda}\sin(L\sqrt{\lambda}) = 0$. Or compte tenu de $2c_2 \sin(L\sqrt{\lambda}) = 0$. Si $\sin(L\sqrt{\lambda}) \neq 0$ Cela donnerait $c_1 = c_2 = 0$ et on aurait la solution nulle, on doit avoir dans ce cas : $\sin(L\sqrt{\lambda}) = 0$ et c_1, c_2 ne doivent pas être tous deux nuls. Ce qui entraîne $\lambda = \left(\frac{n\pi}{L}\right)^2$ n=1, 2, 3 et pour chaque valeur de λ on peut avoir deux fonctions propres puisque la solution peut être $c_1 \cos\left(\frac{n\pi}{L}x\right) + c_2 \sin\left(\frac{n\pi}{L}x\right)$ la solution produit s'écrira :

$u_n(x,t) = c_3 e^{-k\left(\frac{n\pi}{L}\right)^2 t} c_1 \cos\left(\frac{n\pi}{L}x\right) + c_3 e^{-k\left(\frac{n\pi}{L}\right)^2 t} c_2 \sin\left(\frac{n\pi}{L}x\right) =$
$A_n e^{-k\left(\frac{n\pi}{L}\right)^2 t} \cos\left(\frac{n\pi}{L}x\right) + B_n e^{-k\left(\frac{n\pi}{L}\right)^2 t} \sin\left(\frac{n\pi}{L}x\right)$. Avec $A_n = c_3 c_2$ $B_n = c_3 c_2$

Alors $\sum_{n=0}^{\infty} A_n e^{-k\left(\frac{n\pi}{L}\right)^2 t} \cos\left(\frac{n\pi}{L}x\right) + \sum_{n=1}^{\infty} B_n e^{-k\left(\frac{n\pi}{L}\right)^2 t} \sin\left(\frac{n\pi}{L}x\right)$

est aussi solution de la même équation homogène donc :

$u(x,0) = f(x) = \sum_{n=0}^{\infty} A_n \cos\left(\frac{n\pi}{L}x\right) + \sum_{n=1}^{\infty} B_n \sin\left(\frac{n\pi}{L}x\right)$. Cette série est la série de Fourier de $f(x)$ sur $[-L, L]$. De ce que l'on connaît sur la série de Fourier. La solution $u(x,t)$ de ce problème est égale à :

$\frac{1}{2L}\int_{-L}^{L} f(x)dx + \sum_{n=1}^{\infty} e^{-k\left(\frac{n\pi}{L}\right)^2 t}\left[\left(\frac{1}{L}\int_{-L}^{L} f(x)\cos\left(\frac{n\pi}{L}x\right)dx\right)\cos\left(\frac{n\pi}{L}x\right) + \left(\frac{1}{L}\int_{-L}^{L} f(x)\sin\left(\frac{n\pi}{L}x\right)dx\right)\sin\left(\frac{n\pi}{L}x\right)\right]$

II) Équation des ondes, problème de la corde vibrante.

A-Contexte mathématique.

Cette équation décrit le mouvement des points d'une corde tendue horizontalement entre deux points $x=0$ et $x=L$

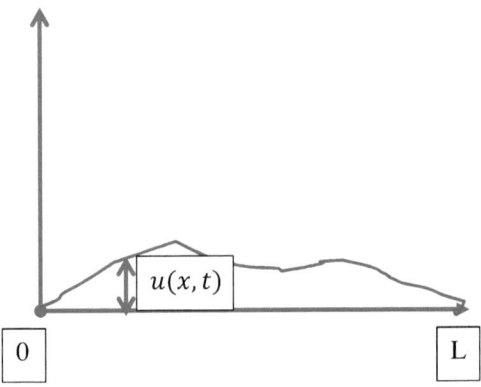

Considérons un point x de la corde au temps t=0, quand la corde se met à vibrer le point se déplace de façon verticale et horizontale. Parce que la corde est bien tendue nous pouvons supposer que la pente en tout point de cette corde est faible et le déplacement verticale du point est supérieur à son déplacement horizontal, on peut donc assumer qu'en chaque point de la corde le déplacement est essentiellement vertical, notons ce déplacement par u(x, t). Nous allons assumer que la densité $\rho(x) = \rho$ de la corde est constante en tout point, la corde étant parfaitement flexible et n'oppose pas de résistance à la tension exercée en ses points limites. La tension sera donc tangente à la corde en tout point de celle-ci. Enfin comme la tension $T(x)$ qui s'exerce sur un point x dépend de l'étirement horizontal qu'on donne au point, et tenant compte que la pente est faible la tension est presque la même sur toute la corde et égale à la tension au point de départ. Nous pouvons la considérer constante et égale à T_0.

Soit $c^2 = \frac{T_0}{\rho}$. Si la corde n'est soumise à aucune autre force externe et que sa vibration est due uniquement à son élasticité. L'équation du déplacement des points de la corde est donnée par l'équation :

$$\frac{\partial^2 u}{\partial t^2} = c^2 \frac{\partial^2 u}{\partial x^2}.$$

Contrairement à celle de la chaleur nous considérons un seul type de conditions aux limites pour cette équation soit les conditions de location des limites de la corde.

$u(0,t) = h_1$, $u(L,t) = h_2$. Les deux conditions initiales pour le déplacement initial de la corde et la pente initiale.

$$u(x,0) = f(x), \quad \frac{\partial}{\partial x} u(x,0) = g(x).$$

Notons que l'équation en deux dimensions de la corde vibrante est

$$\frac{\partial^2 u}{\partial t^2} = c^2 \nabla^2 u \; avec \quad \text{avec} \quad \nabla^2 u = \frac{\partial^2 u}{\partial x^2} + \frac{\partial^2 u}{\partial y^2}$$

B-Résolution de l'équation de la corde vibrante avec deux conditions initiales et deux conditions aux limites prescrites.

Conditions aux limites sur la location des limites et conditions initiales indiquant le déplacement initial et la pente initiale.

Problème 1.

Trouver la solution de l'E.D.P

$$\frac{\partial^2 u}{\partial t^2} = c^2 \frac{\partial^2 u}{\partial x^2} \quad u(x,0) = f(x) \; \frac{\partial}{\partial t} u(x,0) = g(x), u(0,t) = 0 \; et \; u(L,t) = 0.$$

Ceci est l'équation de la corde vibrante aussi connue sous l'appellation d'équation d'onde. La localisation des limites, sera le seul type de conditions aux limites qu'on rencontrera. Les deux conditions initiales spécifient l'état initial de la corde et de sa pente.

En opérant par séparation des variables $u(x,t) = \varphi(x)H(t)$.

$\varphi(x)H''(t) = c^2\varphi''(x)H(t) \rightarrow \frac{\varphi''(x)}{\varphi(x)} = \frac{H''(t)}{c^2 H(t)}$. Comme il y a deux conditions sur x posons $-\lambda$ la constante de séparation afin d'obtenir un P.V.L. en x. On Obtient 1) $\frac{\varphi''(x)}{\varphi(x)} = -\lambda$ et 2) $\frac{H''(t)}{c^2 H(t)} = -\lambda$.

La première équation pour solution $c_1 \cos(\sqrt{\lambda}x) + c_2 \sin(\sqrt{\lambda}x)$ et 2) a pour solution $c_3 \cos(c\sqrt{\lambda}x) + c_4 \sin(c\sqrt{\lambda}x)$.

$u(0,t) = 0 \rightarrow c_1 = 0$ et $u(L,t) = 0 \rightarrow c_2 \sin(\sqrt{\lambda}L) H(t) = 0$.

Donc $\lambda = \left(\frac{n\pi}{L}\right)^2$ car $H(t) \neq 0$. La seconde équation a pour solution $H(t) = c_3 \cos\left(c\frac{n\pi}{L}t\right) + c_4 \sin\left(c\frac{n\pi}{L}t\right)$ ce qui donne pour solution produit :

$u_n(x,t) = c_2 \sin\left(\frac{n\pi}{L}x\right)\left(c_3 \cos\left(c\frac{n\pi}{L}t\right) + c_4 \sin\left(c\frac{n\pi}{L}t\right)\right) =$

$c_3 c_2 \cos\left(c\frac{n\pi}{L}t\right)\sin\left(\frac{n\pi}{L}x\right) + c_4 c_2 \sin\left(c\frac{n\pi}{L}t\right)\sin\left(\frac{n\pi}{L}x\right)$ donc

$u_n(x,t) = A_n \cos\left(c\frac{n\pi}{L}t\right)\sin\left(\frac{n\pi}{L}x\right) + B_n \sin\left(c\frac{n\pi}{L}t\right)\sin\left(\frac{n\pi}{L}x\right)$

$u(x,t) = \sum_{n=1}^{\infty} \left(A_n \cos\left(c\frac{n\pi}{L}t\right)\sin\left(\frac{n\pi}{L}x\right) + B_n \sin\left(c\frac{n\pi}{L}t\right)\sin\left(\frac{n\pi}{L}x\right)\right)$

Par superposition est solution de la même équation homogène et alors

$u(x,0) = f(x)$ d'où $f(x) = \sum_{n=1}^{\infty} \left(A_n \sin\left(\frac{n\pi}{L}x\right).1 + B_n \sin\left(\frac{n\pi}{L}x\right).0\right) =$

$\sum_{n=1}^{\infty} A_n \sin\left(\frac{n\pi}{L}x\right)$ $n = 1, 2, 3 ....$ Par ce que l'on sait de la série sinus de Fourier de $f(x)$ sur $[0, L]$ on doit avoir donc $A_n = \frac{2}{L}\int_0^L f(x) \sin\left(\frac{n\pi}{L}x\right)dx$.

Pour la deuxième condition $\frac{\partial}{\partial t}u(x,0) = g(x)$, on peut dériver la série terme à terme sous l'hypothèse que la convergence est uniforme sur $[0, L]$

$\frac{\partial}{\partial t}u(x,t)$ est égale à :

$$\sum_{n=1}^{\infty}\left(-\frac{n\pi c}{L}A_n\sin\left(c\frac{n\pi}{L}t\right)\sin\left(\frac{n\pi}{L}x\right)+B_n\frac{n\pi c}{L}\cos\left(c\frac{n\pi}{L}t\right)\sin\left(\frac{n\pi}{L}x\right)\right)$$

$\frac{\partial}{\partial t}u(x,0) = g(x) = \sum_{n=1}^{\infty} B_n \frac{n\pi c}{L} 1 \sin\left(\frac{n\pi}{L}x\right)$, qui est la série sinus de Fourier de $g(x)$ sur $[0, L]$ alors $B_n \frac{n\pi c}{L} = \frac{2}{L}\int_0^L g(x)\sin\left(\frac{n\pi}{L}x\right)dx$

$B_n = \frac{2}{n\pi c}\int_0^L g(x)\sin\left(\frac{n\pi}{L}x\right)dx$.

La solution générale vérifiant les données de cette équation de la corde vibrante est :

$u(x,t) = \sum_{n=1}^{\infty}\left(\left[\frac{2}{L}\int_0^L f(x)\sin\left(\frac{n\pi}{L}x\right)dx\right]\cos\left(c\frac{n\pi}{L}t\right)\sin\left(\frac{n\pi}{L}x\right) + \left[\frac{2}{n\pi c}\int_0^L g(x)\sin\left(\frac{n\pi}{L}x\right)dx\right]\sin\left(c\frac{n\pi}{L}t\right)\sin\left(\frac{n\pi}{L}x\right)\right)$

Problème 2.

Trouver la solution de l'E.D.P

$\frac{\partial^2 y}{\partial t^2} = 4\frac{\partial^2 y}{\partial x^2}$, $y(x,0) = 0, \frac{\partial}{\partial t}y(x,0) = f(x), y(0,t) = 0$ $y(5,t) = 0$ $0 < x < 5$, $t > 0$.

a) Si $f(x) = 5\sin(\pi x)$ b) Si $f(x) = 3\sin(2\pi x) - 2\sin(5\pi x)$.

Opérons par séparation des variables $y(x,t) = X(x)H(t)$.

$X(x)H''(t) = 4X''(x)H(t) \rightarrow \frac{X''(x)}{X(x)} = \frac{H''(t)}{4H((t)}$. Comme il y a deux conditions sur x posons $-\lambda$ la constante de séparation afin d'obtenir un P.V.L. en x. On Obtient

1) $\frac{\varphi''(x)}{\varphi(x)} = -\lambda$ et 2) $\frac{H''(t)}{4H((t)} = -\lambda$.

La première équation a pour solution $c_1 \cos(\sqrt{\lambda}x) + c_2\sin(\sqrt{\lambda}x)$ et 2) a pour solution $c_3\cos(2\sqrt{\lambda}t) + c_4\sin(2\sqrt{\lambda}t)$.

$y(0,t) = 0 \rightarrow c_1 = 0$ et $y(5,t) = 0 \rightarrow c_2\sin(5\sqrt{\lambda})H(t) = 0$

Donc $\lambda = \left(\frac{n\pi}{5}\right)^2$ car $H(t) \neq 0$. La seconde équation a pour solution $H(t) = c_3 \cos\left(2\frac{n\pi}{5}t\right) + c_4 \sin\left(2\frac{n\pi}{5}t\right)$

La solution produit est

$y_n(x,t) = c_2 \sin\left(\frac{n\pi}{5}x\right)\left(c_3 \cos\left(2\frac{n\pi}{5}t\right) + c_4 \sin\left(2\frac{n\pi}{5}t\right)\right)$

$y_n(x,t) = K_1 \cos\left(2\frac{n\pi}{5}t\right)\sin\left(\frac{n\pi}{5}x\right) + K_2 \sin\left(2\frac{n\pi}{5}t\right)\sin\left(\frac{n\pi}{5}x\right)$. Pour $n=1,2,3\ldots K_1 = c_3 c_2$ $K_2 = c_4 c_2$

$y(x,0) = 0 \to y(x,t) = K_1 \sin\left(\frac{n\pi}{5}x\right) = 0 \,\forall x$ donc $K_1 = 0$.

$y(x,t) = K_2 \sin\left(2\frac{n\pi}{5}t\right)\sin\left(\frac{n\pi}{5}x\right)$ $\frac{\partial}{\partial t}y(x,t) = K_2 2\frac{n\pi}{5}\cos\left(2\frac{n\pi}{5}t\right)\sin\left(\frac{n\pi}{5}x\right)$

et si $\frac{\partial}{\partial t}y(x,0) = 5\sin(\pi x) = K_2 2\frac{n\pi}{5}\sin\left(\frac{n\pi}{5}x\right)$ on déduit que :

$n = 5$, $K_2 = \frac{5}{2\pi}$ la solution cherchée est $y(x,t) = \frac{5}{2\pi}\sin(2\pi t)\sin(\pi x)$

b) Par le lemme de superposition on a aussi la solution de la même équation homogène $y(x,t) = K_1 \sin\left(2\frac{n_1\pi}{5}t\right)\sin\left(\frac{n_1\pi}{5}x\right) + K_2 \sin\left(2\frac{n_2\pi}{5}t\right)\sin\left(\frac{n_2\pi}{5}x\right)$

$\frac{\partial}{\partial t}y(x,t)$ est égale à :

$K_1 2\frac{n_1\pi}{5}\cos\left(2\frac{n_1\pi}{5}t\right)\sin\left(\frac{n_1\pi}{5}x\right) + K_2 2\frac{n_2\pi}{5}\cos\left(2\frac{n_2\pi}{5}t\right)\sin\left(\frac{n_2\pi}{5}x\right)$

Alors $\frac{\partial}{\partial t}y(x,0) = K_1 2\frac{n_1\pi}{5}\sin\left(\frac{n_1\pi}{5}x\right) + K_2 2\frac{n_2\pi}{5}\sin\left(\frac{n_2\pi}{5}x\right) = 3\sin(2\pi x) - 2\sin(5\pi x)$.

On déduit par comparaison que, $n_1 = 10$, $K_1 = \frac{3}{4\pi}$, $n_2 = 25$, $K_2 = -\frac{1}{5\pi}$ La solution de l'E.D.P est dans ce cas :

$y(x,t) = \frac{3}{4\pi}\sin(4\pi t)\sin(2\pi x) - \frac{1}{5\pi}\sin(10\pi t)\sin(5\pi x)$.

3) Équation de Laplace.

A-Contexte mathématique.

Nous avons développé plus haut l'équation de la chaleur. Dans le cas d'un régime stationnaire (plus de variation de température au cours du temps), c'est-à-dire $\frac{\partial u}{\partial t} = 0$ et de propriétés physiques constantes et quand aucune source de chaleur volumique n'est présente dans le domaine, l'équilibre thermique d'une équation de la chaleur à deux dimensions est régi par une équation de Laplace $\nabla^2 u = \frac{\partial^2 u}{\partial x^2} + \frac{\partial^2 u}{\partial y^2}$. L'équation de Laplace est très commune en physique mathématique.

L'équation de Laplace sert de modèle à d'autres phénomènes physiques (cette liste est loin d'être exhaustive) :

Calcul de champs électriques dans le vide (électrostatique): u est le potentiel électrique.

Calcul des écoulements rotationnels de fluides parfaits.

Calcul des écoulements de fluides en milieu poreux. (Équation de Darcy)

B-Résolution de l'équation de Laplace sur un carré : Conditions de Dirichlet.

Le problème des conditions aux limites de Dirichlet sur un carré pour l'équation de Laplace est illustré par le diagramme suivant :

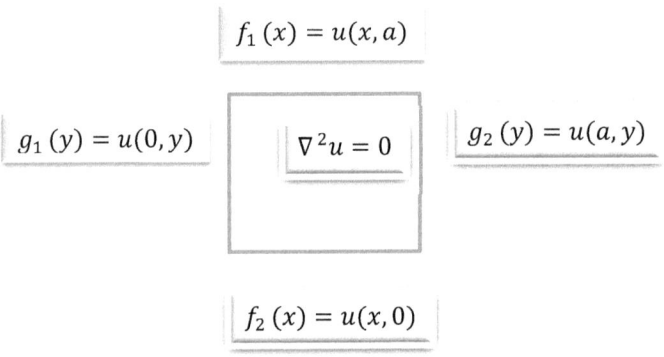

Ce problème est équivalent à résoudre quatre équations de Laplace et à faire la somme des solutions obtenues

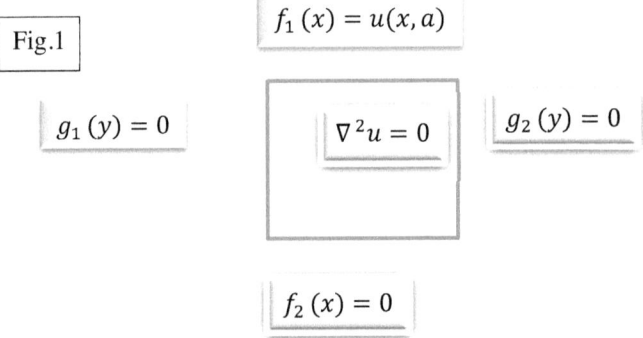

Fig.1

+

Fig.2

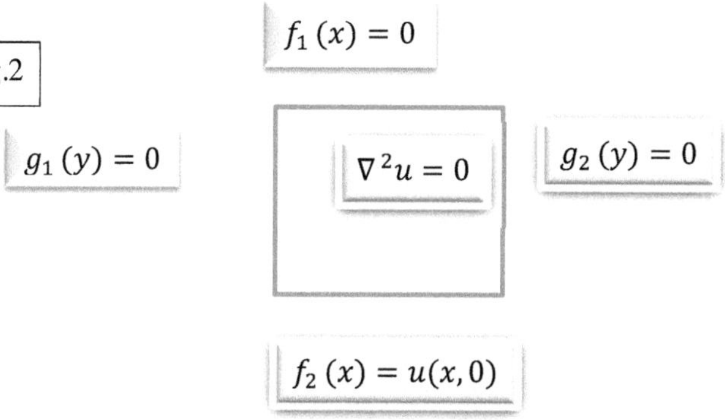

$f_1(x) = 0$

$g_1(y) = 0$ $\nabla^2 u = 0$ $g_2(y) = 0$

$f_2(x) = u(x,0)$

$+$

Fig.3

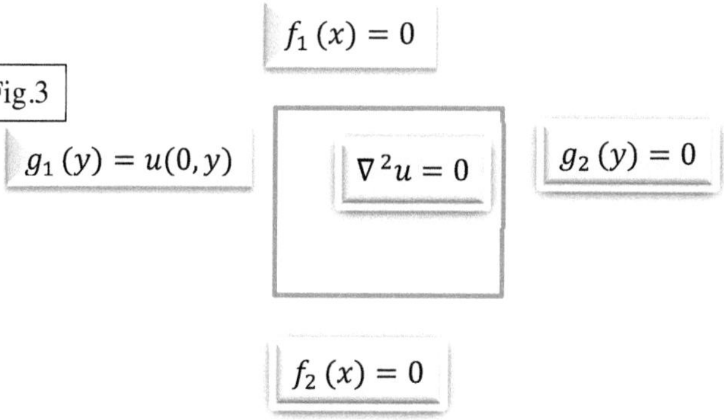

$f_1(x) = 0$

$g_1(y) = u(0,y)$ $\nabla^2 u = 0$ $g_2(y) = 0$

$f_2(x) = 0$

$+$

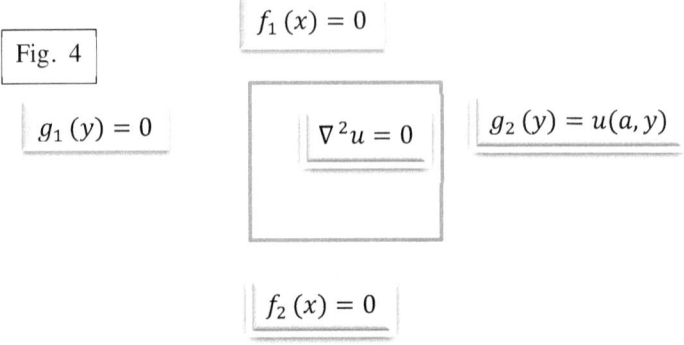

Fig. 4

Nous allons employer la même stratégie de résolution pour les équations correspondant à la figure 1 et 4 et 2 et 3. C'est l'ordre qu'on respectera pour la résolution du problème.

Équation Fig.1. On a:

$\nabla^2 u = 0 \quad u(x,a) = f(x), u(x,0) = 0, u(0,y) = 0, u(a,y) = 0$

Notons que toutes les conditions sont homogènes sauf une.

$u(x,y) = X(x)Y(y)$. Par séparation de variable $\nabla^2 u = 0$ entraîne que $\frac{\partial^2 u}{\partial x^2} + \frac{\partial^2 u}{\partial y^2} = 0 \rightarrow$ X"(x)Y(y)+X(x)Y"(y) = 0 et donc $\frac{X"(x)}{X(x)} = -\frac{Y"(y)}{Y(y)}$

Soit, $-\lambda$, $\lambda > 0$, notre variable de séparation alors on obtient les deux équations 1) $\frac{X"(x)}{X(x)} = -\lambda$ *et* 2) $\frac{Y"(y)}{Y(y)} = \lambda$. Comme on le sait la solution de 1) est $X(x) = c_1 \cos(\sqrt{\lambda}x) + c_2 \sin(\sqrt{\lambda}x)$ tandis que 2) a pour solution $Y(y) = c_3 \cosh(\sqrt{\lambda}y) + c_4 \sinh(\sqrt{\lambda}y)$. Notons que le choix de $-\lambda$ va nous permettre d'avoir un P.V.L en x avec deux conditions aux limites pour une solution unique et une équation différentielle en y admettant deux racines caractéristiques réelles et opposées$\pm\lambda$.

Avec les conditions aux limites homogènes, nous avons :

$u(0, y) = 0, u(a, y) = 0, u(x, 0) = 0$ Ce qui entraîne respectivement

$c_1 Y(y) = 0 \rightarrow c_1 = 0$ et $c_2 \sin(\sqrt{\lambda}a) = 0$ donc $\sin(\sqrt{\lambda}a)$. Pour une solution non nulle $c_2 \neq 0$ donc $(\sqrt{\lambda}a) = 0 \rightarrow \lambda = \left(\frac{n\pi}{a}\right)^2$ $n = 1, 2, 3..$ En fin avec la dernière condition homogène $u(x, 0) = 0$ donne $X(x)Y(0) = 0$ $Y(0) = 0$, et $c_3 = 0$ $u_n(x, y) = A_n \sin\left(\frac{n\pi}{a}x\right) \sinh\left(\frac{n\pi}{a}y\right)$ avec $A_n = c_2 c_4$

est la solution produit qui satisfait les conditions aux limites du problème de Laplace. Par ce qu'on sait par le lemme de superposition :

$u(x, y) = \sum_{n=1}^{\infty} A_n \sin\left(\frac{n\pi}{a}x\right) \sinh\left(\frac{n\pi}{a}y\right)$ est aussi solution de la même équation différentielle. Employons maintenant la condition non homogène pour déterminer la solution générale.

$u(x, a) = f_1(x) = \sum_{n=1}^{\infty} A_n \sin\left(\frac{n\pi}{a}x\right) \sinh(n\pi)$.

On obtient la série sinus de Fourier de $f(x)$ sur [0, a], par ce qu'on sait des coefficients d'une telle série :

$A_n \sin h(n\pi)$ est égale à :

$\frac{2}{a}\int_0^a f_1(x) \sin\left(\frac{n\pi}{a}x\right)dx$ d'où $A_n = \frac{2}{a \sin h(n\pi)} \int_0^a f_1(x) \sin\left(\frac{n\pi}{a}x\right)dx$

La solution générale qui vérifie ce sous-problème est

$u(x, y) = \sum_{n=1}^{\infty} \left[\frac{2}{a \sin h(n\pi)} \int_0^a f_1(x) \sin\left(\frac{n\pi}{a}x\right)dx\right] \sin\left(\frac{n\pi}{a}x\right) \sinh\left(\frac{n\pi}{a}y\right)$

Équation Fig.4. On a :

$\nabla^2 u = 0$ $u(x, a) = 0, u(x, 0) = 0, u(0, y) = 0, u(a, y) = g_2(y)$

$u(x, y) = X(x)Y(y)$. Par séparation de variable $\nabla^2 u = 0$ entraîne que $\frac{\partial^2 u}{\partial x^2} + \frac{\partial^2 u}{\partial y^2} = 0 \rightarrow X''(x)Y(y) + X(x)Y''(y) = 0$ et donc $\frac{X''(x)}{X(x)} = -\frac{Y''(y)}{Y(y)}$

Soit, λ, $\lambda > 0$, notre variable de séparation alors on obtient les deux équations 1) $\frac{X''(x)}{X(x)} = \lambda$ et 2) $\frac{Y''(y)}{Y(y)} = -\lambda$. Comme on le sait la solution de 1) est $X(x) = c_1 \cos h(\sqrt{\lambda}x) + c_2 \sinh(\sqrt{\lambda}x)$ tandis que 2) a pour solution $Y(y) = c_3 \cos(\sqrt{\lambda}y) + c_4 \sin(\sqrt{\lambda}y)$. Notons que le choix de λ va nous permettre d'avoir un P.V.L. en y avec deux conditions aux limites pour une solution unique et une équation différentielle en x admettant deux racines caractéristiques réelles et opposées $\pm \lambda$.

Avec les conditions aux limites homogènes, nous avons :

$u(x, 0) = 0, u(x, a) = 0, u(0, y) = 0$ Ce qui entraîne respectivement

$c_3 X(x) = 0 \rightarrow c_3 = 0$ et $c_4 \sin(\sqrt{\lambda}a) = 0$ donc $\sin(\sqrt{\lambda}a)$. Pour une solution non nulle $c_4 \neq 0$ donc $(\sqrt{\lambda}a) = 0 \rightarrow \lambda = \left(\frac{n\pi}{a}\right)^2$ $n = 1, 2, 3...$ En fin avec la dernière condition homogène $u(0, y) = 0 \rightarrow X(0)Y(y) = 0$ $X(0) = 0$ et $c_1 = 0$.

$u_n(x, y) = A_n \sin\left(\frac{n\pi}{a}y\right) \sinh\left(\frac{n\pi}{a}x\right)$ avec $A_n = c_2 c_4$ est la solution produit qui satisfait les conditions aux limites du problème de Laplace.

Par le lemme de superposition :

$u(x, y) = \sum_{n=1}^{\infty} A_n \sin\left(\frac{n\pi}{a}y\right) \sinh\left(\frac{n\pi}{a}x\right)$ est aussi solution de la même équation différentielle homogène. Employons maintenant la condition non homogène pour déterminer la solution générale.

$u(a, y) = g_2(y) = \sum_{n=1}^{\infty} A_n \sin\left(\frac{n\pi}{a}y\right) \sinh(n\pi)$.

On obtient la série sinus de Fourier de $g_2(y)$ sur [0, a], par ce qu'on sait des coefficients d'une telle série :

$A_n \sinh(n\pi)$ est égale à :

$$\frac{2}{a}\int_0^a sin\left(\frac{n\pi}{a}y\right)g_2(y)dy \ d'\text{où} \ A_n = \frac{2}{a\sin h(n\pi)}\int_0^a g_2(y)sin\left(\frac{n\pi}{a}y\right)dy$$

La solution générale qui vérifie ce sous-problème est :

$$u(x,y) = \sum_{n=1}^{\infty}\left[\frac{2}{a\sinh(n\pi)}\int_0^a g_2(y)sin\left(\frac{n\pi}{a}y\right)dy\right]sin\left(\frac{n\pi}{a}y\right)sinh\left(\frac{n\pi}{a}x\right).$$

Équation Fig.2.

Pour cette équation on a :

$$\nabla^2 u = 0 \ \ u(x,a) = 0, u(x,0) = f_2(x), u(0,y) = 0, u(a,y) = 0.$$

Par séparation de variable $\nabla^2 u = 0$ entraîne que $\frac{\partial^2 u}{\partial x^2} + \frac{\partial^2 u}{\partial y^2} = 0 \rightarrow$ $X''(x)Y(y) + X(x)Y''(y) = 0$ et donc $\frac{X''(x)}{X(x)} = -\frac{Y''(y)}{Y(y)}$

Soit, $-\lambda, \lambda > 0$, notre variable de séparation alors on obtient les deux équations 1) $\frac{X''(x)}{X(x)} = -\lambda$ et 2) $\frac{Y''(y)}{Y(y)} = \lambda$. Comme on le sait la solution de 1) est $X(x) = c_1 cos(\sqrt{\lambda}x) + c_2 sin(\sqrt{\lambda}x)$ tandis que 2) a pour solution $Y(y) = c_3 cosh(\sqrt{\lambda}y) + c_4 sin h(\sqrt{\lambda}y)$. Notons que le choix de $-\lambda$ va nous permettre d'avoir un P.V.L. en x avec deux conditions aux limites pour une solution unique et une équation différentielle en y admettant deux racines caractéristiques réelles et opposées $\pm \lambda$.

Avec les conditions aux limites homogènes, nous avons :

$u(0,y) = 0, u(a,y) = 0, u(x,a) = 0$. Ce qui entraîne respectivement

$c_1 Y(y) = 0 \rightarrow c_1 = 0$ et $c_2 sin(\sqrt{\lambda}a) = 0$ donc $sin(\sqrt{\lambda}a)$. Pour une solution non nulle $c_2 \neq 0$ donc $(\sqrt{\lambda}a) = 0 \rightarrow \lambda = \left(\frac{n\pi}{a}\right)^2 \ n = 1,2,3$ et $u(x,a) = 0 \rightarrow$ $X(x)Y(a) = 0$ donc $c_2 sin(\sqrt{\lambda}x)(c_3 cosh(\sqrt{\lambda}a) + c_4 sin h(\sqrt{\lambda}a)) = 0$

Comme $c_2 \neq 0$ et $\lambda > 0$ pour une solution qui ne soit pas nulle, on doit avoir $c_3 \cosh(\sqrt{\lambda}a) + c_4 \sinh(\sqrt{\lambda}a) = 0 \rightarrow -c_4 \tanh(\sqrt{\lambda}a) = c_3$.

$u_n(x,y) = X(x)Y(y) = c_2 \sin(\sqrt{\lambda}x) \frac{1}{\cosh(\sqrt{\lambda}a)}(-c_4 \sinh(\sqrt{\lambda}a)\cosh(\sqrt{\lambda}y) + c_4 \cosh(\sqrt{\lambda}a)\sinh(\sqrt{\lambda}y)) = \frac{-c_2 c_4}{\cosh(\sqrt{\lambda}a)} \sin(\sqrt{\lambda}x)\sinh(\sqrt{\lambda}(a-y))$. Alors en tenant compte des valeurs propres $\lambda = \left(\frac{n\pi}{a}\right)^2$ $n = 1, 2, 3$ ...La solution produit qui satisfait les conditions aux limites du problème de Laplace est $u_n(x,y) = A_n \sin\left(\frac{n\pi}{a}x\right)\sinh\left(\frac{n\pi}{a}(a-y)\right)$, $A_n = \frac{-c_2 c_4}{\cosh(\sqrt{\lambda}a)}$.

Par lemme de superposition $u(x,y) = \sum_{n=1}^{\infty} A_n \sin\left(\frac{n\pi}{a}x\right)\sinh\left(\frac{n\pi}{a}(a-y)\right)$, est aussi solution de la même équation différentielle homogène. Employons maintenant la condition non homogène pour déterminer la solution générale.

$u(x,0) = f_2(x) = \sum_{n=1}^{\infty} A_n \sin\left(\frac{n\pi}{a}x\right)\sinh(n\pi)$.

On obtient la série sinus de Fourier de $f_2(x)$ sur [0, a], par ce qu'on sait des coefficients d'une telle série :

$A_n \sinh(n\pi) = \frac{2}{a}\int_0^a f_2(x)\sin\left(\frac{n\pi}{a}x\right)dx$ $A_n = \frac{2}{a\sinh(n\pi)}\int_0^a f_2(x)\sin\left(\frac{n\pi}{a}x\right)dx$

La solution générale qui vérifie ce sous-problème est :

$u(x,y) = \sum_{n=1}^{\infty} \left[\frac{2}{a\sinh(n\pi)}\int_0^a f_2(x)\sin\left(\frac{n\pi}{a}x\right)dx\right]\sin\left(\frac{n\pi}{a}x\right)(\sinh(\frac{n\pi}{a}(a-y)))$.

Équation Fig.3.

Pour cette équation on a :

On a $\nabla^2 u = 0$ $u(x,a) = 0, u(x,0) = 0, u(0,y) = g_1(y), u(a,y) = 0$

Par séparation de variable $\nabla^2 u = 0$ entraîne que $\frac{\partial^2 u}{\partial x^2} + \frac{\partial^2 u}{\partial y^2} = 0 \to$ $X''(x)Y(y) + X(x)Y''(y) = 0$ et donc $\frac{X''(x)}{X(x)} = -\frac{Y''(y)}{Y(y)}$

Soit, $\lambda, \lambda > 0$, notre variable de séparation alors on obtient les deux équations 1) $\frac{X''(x)}{X(x)} = \lambda$ et 2) $\frac{Y''(y)}{Y(y)} = -\lambda$. Comme on le sait la solution de 1) est $X(x) = c_1 \cosh(\sqrt{\lambda}x) + c_2 \sinh(\sqrt{\lambda}x)$ tandis que 2) a pour solution $Y(y) = c_3 \cos(\sqrt{\lambda}y) + c_4 \sin(\sqrt{\lambda}y)$. Notons que le choix de λ va nous permettre d'avoir un P.V.L. en y avec deux conditions aux limites pour une solution unique et une équation différentielle en x admettant deux racines caractéristiques réelles et opposées $\pm \lambda$.

Avec les conditions aux limites homogènes, nous avons :

$u(x, 0) = 0, u(x, a) = 0, u(a, y) = 0$, Ce qui entraîne respectivement

$c_3 X(x) = 0 \to c_3 = 0$ et $c_4 \sin(\sqrt{\lambda}a) = 0$ donc $\sin(\sqrt{\lambda}a) = 0$.

Pour une solution non nulle $c_4 \neq 0$ et $(\sqrt{\lambda}a) = 0 \to \lambda = \left(\frac{n\pi}{a}\right)^2$ $n = 1, 2, 3...$

En fin avec la dernière condition homogène $u(a, y) = \to X(a)Y(y) = 0$ donc $c_4 \sin(\sqrt{\lambda}y)(c_1 \cosh(\sqrt{\lambda}a) + c_2 \sinh(\sqrt{\lambda}a)) = 0$

Comme $c_4 \neq 0$ et $\lambda > 0$ pour une solution qui ne soit pas nulle, on doit avoir $c_1 \cosh(\sqrt{\lambda}a) + c_2 \sinh(\sqrt{\lambda}a) = 0 \to -c_2 \tanh(\sqrt{\lambda}a) = c_1$.

$u_n(x, y) = X(x)Y(y) = c_4 \sin(\sqrt{\lambda}y) \frac{1}{\cosh(\sqrt{\lambda}a)} (-c_2 \sinh(\sqrt{\lambda}a) \cosh(\sqrt{\lambda}x) + c_2 \cosh(\sqrt{\lambda}a) \sinh(\sqrt{\lambda}x)) = \frac{-c_2 c_4}{\cosh(\sqrt{\lambda}a)} \sin(\sqrt{\lambda}y)(\sinh(\sqrt{\lambda}(a - x))$. Alors en tenant compte des valeurs propres $\lambda = \left(\frac{n\pi}{a}\right)^2$ $n = 1, 2, 3 ...$ La solution produit qui satisfait les conditions aux limites du problème de Laplace est

$u_n(x,y) = A_n sin\left(\frac{n\pi}{a}y\right) sinh\left(\frac{n\pi}{a}(a-x)\right), A_n = \frac{-c_2 c_4}{\cosh(\sqrt{\lambda}a)}.$

Par le lemme de superposition $u(x,y) = \sum_{n=1}^{\infty} A_n sin\left(\frac{n\pi}{a}y\right) sinh\left(\frac{n\pi}{a}(a-x)\right)$ est aussi solution de la même équation différentielle. Employons maintenant la condition non homogène pour déterminer la solution générale.

$u(0,y) = g_1(y) = \sum_{n=1}^{\infty} A_n sin\left(\frac{n\pi}{a}y\right) sinh(n\pi).$

On obtient la série sinus de Fourier de $g_1(y)$ sur [0, a], par ce qu'on sait des coefficients d'une telle série :

$A_n \sin h(n\pi) =$
$\frac{2}{a}\int_0^a g_1(y) sin\left(\frac{n\pi}{a}y\right) dx \rightarrow A_n = \frac{2}{a \sin h(n\pi)}\int_0^a g_1(y) sin\left(\frac{n\pi}{a}y\right) dx.$

La solution générale qui vérifie ce sous-problème est :

$u(x,y) = \sum_{n=1}^{\infty}\left[\frac{2}{a \sin h(n\pi)}\int_0^a g_1(y) sin\left(\frac{n\pi}{a}y\right) dx\right] sin\left(\frac{n\pi}{a}y\right) sinh\left(\frac{n\pi}{a}(a-x)\right)$

La solution générale du problème aux limites de Dirichlet pour l'équation de Laplace est la somme des solutions obtenues.

$u(x,y) = \sum_{k=1}^{\infty}\left[\frac{2}{a \sin h(k\pi)}\int_0^a f_1(x) sin\left(\frac{k\pi}{a}x\right) dx\right] sin\left(\frac{k\pi}{a}x\right) sinh\left(\frac{k\pi}{a}y\right) +$
$\sum_{n=1}^{\infty}\left[\frac{2}{a \sin h(n\pi)}\int_0^a f_2(x) sin\left(\frac{n\pi}{a}x\right) dx\right] sin\left(\frac{n\pi}{a}x\right) \left(sinh(\frac{n\pi}{a}(a-y))\right) +$
$\sum_{p=1}^{\infty}\left[\frac{2}{a \sin h(p\pi)}\int_0^a g_1(y) sin\left(\frac{p\pi}{a}y\right) dx\right] sin\left(\frac{p\pi}{a}y\right) \left(sinh(\frac{p\pi}{a}(a-x))\right)$
$+ \sum_{s=1}^{\infty}\left[\frac{2}{asinh(s\pi)}\int_0^a g_2(y) sin\left(\frac{s\pi}{a}y\right) dy\right] sin\left(\frac{s\pi}{a}y\right) sinh\left(\frac{s\pi}{a}x\right)$

C-: Expression en coordonnées polaires de l'équation de Laplace.

En coordonnées polaires les coordonnées (x, y) d'un point du plan cartésien sont données par $x = rcos(\theta), \quad y = rsin(\theta) \quad \theta = tan^{-1}(\frac{y}{x}).$

$x^2 + y^2 = r^2$.

Dans cette section nous allons voir comment s'exprime l'équation de Laplace en coordonnées polaires, ce qui est souvent utilisée lorsque le domaine des variables indépendantes forme une région circulaire ou géométrique qui s'exprime plus facilement en coordonnées polaires.

Démonstration.

Nous voulons donc dériver une formule pour :

$\nabla^2 u\big(r\cos(\theta), r\sin(\theta)\big) = 0$.

Par la loi de dérivation en chaîne on a : $\dfrac{\partial u}{\partial x} = \dfrac{\partial u}{\partial r}\dfrac{\partial r}{\partial x} + \dfrac{\partial u}{\partial \vartheta}\dfrac{\partial \vartheta}{\partial x}$ donc :

(1) $\dfrac{\partial^2 u}{\partial x^2} = \dfrac{\partial u}{\partial r}\dfrac{\partial^2 r}{\partial x^2} + \dfrac{\partial}{\partial x}\left(\dfrac{\partial u}{\partial r}\right)\dfrac{\partial r}{\partial x} + \dfrac{\partial u}{\partial \theta}\dfrac{\partial^2 \theta}{\partial x^2} + \dfrac{\partial}{\partial x}\left(\dfrac{\partial u}{\partial \vartheta}\right)\dfrac{\partial \theta}{\partial x}$

Mais $\dfrac{\partial}{\partial x}\left(\dfrac{\partial u}{\partial r}\right) = \dfrac{\partial}{\partial r}\left(\dfrac{\partial u}{\partial r}\right)\dfrac{\partial r}{\partial x} + \dfrac{\partial}{\partial \vartheta}\left(\dfrac{\partial u}{\partial r}\right)\dfrac{\partial \vartheta}{\partial x} = \dfrac{\partial^2 u}{\partial r^2}\dfrac{\partial r}{\partial x} + \dfrac{\partial^2 u}{\partial \vartheta \partial r}\dfrac{\partial \vartheta}{\partial x}$.

De la même façon on a aussi :

$\dfrac{\partial}{\partial x}\left(\dfrac{\partial u}{\partial \theta}\right) = \dfrac{\partial}{\partial r}\left(\dfrac{\partial u}{\partial \vartheta}\right)\dfrac{\partial r}{\partial x} + \dfrac{\partial}{\partial \vartheta}\left(\dfrac{\partial u}{\partial \vartheta}\right)\dfrac{\partial \theta}{\partial x} = \dfrac{\partial^2 u}{\partial r \partial \vartheta}\dfrac{\partial r}{\partial x} + \dfrac{\partial^2 u}{\partial \theta^2}\dfrac{\partial \vartheta}{\partial x}$.

En remplaçant ces expressions que nous avons obtenues dans l'équation (1).

$\dfrac{\partial^2 u}{\partial x^2} = \dfrac{\partial u}{\partial r}\dfrac{\partial^2 r}{\partial x^2} + \left(\dfrac{\partial^2 u}{\partial r^2}\dfrac{\partial r}{\partial x} + \dfrac{\partial^2 u}{\partial \vartheta \partial r}\dfrac{\partial \vartheta}{\partial x}\right)\dfrac{\partial r}{\partial x} + \dfrac{\partial u}{\partial \theta}\dfrac{\partial^2 \theta}{\partial x^2} + \left(\dfrac{\partial^2 u}{\partial r \partial \vartheta}\dfrac{\partial r}{\partial x} + \dfrac{\partial^2 u}{\partial \theta^2}\dfrac{\partial \vartheta}{\partial x}\right)\dfrac{\partial \theta}{\partial x} =$

$\dfrac{\partial u}{\partial r}\dfrac{\partial^2 r}{\partial x^2} + \dfrac{\partial^2 u}{\partial r^2}\left(\dfrac{\partial r}{\partial x}\right)^2 + \dfrac{\partial^2 u}{\partial \vartheta \partial r}\dfrac{\partial \vartheta}{\partial x}\dfrac{\partial r}{\partial x} + \dfrac{\partial u}{\partial \theta}\dfrac{\partial^2 \theta}{\partial x^2} + \dfrac{\partial^2 u}{\partial r \partial \vartheta}\dfrac{\partial r}{\partial x}\dfrac{\partial \theta}{\partial x} + \dfrac{\partial^2 u}{\partial \theta^2}\left(\dfrac{\partial \vartheta}{\partial x}\right)^2 = \dfrac{\partial u}{\partial r}\dfrac{\partial^2 r}{\partial x^2} +$

$\dfrac{\partial^2 u}{\partial r^2}\left(\dfrac{\partial r}{\partial x}\right)^2 + \dfrac{\partial u}{\partial \theta}\dfrac{\partial^2 \theta}{\partial x^2} + 2\dfrac{\partial^2 u}{\partial r \partial \vartheta}\dfrac{\partial r}{\partial x}\dfrac{\partial \theta}{\partial x} + \dfrac{\partial^2 u}{\partial \theta^2}\left(\dfrac{\partial \theta}{\partial x}\right)^2$

Donc on déduit que :

$\dfrac{\partial^2 u}{\partial x^2} = \dfrac{\partial u}{\partial r}\dfrac{\partial^2 r}{\partial x^2} + \dfrac{\partial^2 u}{\partial r^2}\left(\dfrac{\partial r}{\partial x}\right)^2 + \dfrac{\partial u}{\partial \theta}\dfrac{\partial^2 \theta}{\partial x^2} + 2\dfrac{\partial^2 u}{\partial r \partial \vartheta}\dfrac{\partial r}{\partial x}\dfrac{\partial \theta}{\partial x} + \dfrac{\partial^2 u}{\partial \theta^2}\left(\dfrac{\partial \theta}{\partial x}\right)^2$

Nous pouvons établir les dérivées :

$x^2 + y^2 = r^2 \to 2x = 2r\frac{\partial r}{\partial x}$ donc 1) $\frac{\partial r}{\partial x} = \frac{x}{r}$ et 2) $\frac{\partial r}{\partial y} = \frac{y}{r}$

3) $\frac{\partial^2 r}{\partial x^2} = \frac{r - \frac{\partial r}{\partial x}x}{r^2} = \frac{r^2 - x^2}{r^3} = \frac{y^2}{r^3}$. Aussi 4) $\frac{\partial^2 r}{\partial y^2} = \frac{r - \frac{\partial r}{\partial y}y}{r^2} = \frac{r^2 - y^2}{r^3} = \frac{x^2}{r^3}$

De $\frac{\partial r}{\partial x} = \frac{x}{r} = \cos(\vartheta) \to \frac{\partial^2 r}{\partial x^2} = -\sin(\vartheta)\frac{\partial \vartheta}{\partial x}$ donc 5) $\frac{\partial \vartheta}{\partial x} = \frac{y^2}{r^3}\frac{-r}{y} = -\frac{y}{r^2}$

$\frac{\partial r}{\partial y} = \frac{y}{r} = \sin(\vartheta) \to \frac{\partial^2 r}{\partial y^2} = \cos(\vartheta)\frac{\partial \vartheta}{\partial y}$ donc 6) $\frac{\partial \vartheta}{\partial y} = \frac{x^2}{r^3}\frac{r}{x} = \frac{x}{r^2}$

7) $\frac{\partial^2 \vartheta}{\partial x^2} = \frac{\partial}{\partial x}\left(-\frac{y}{r^2}\right) = -y\frac{\partial}{\partial x}\left(\frac{1}{r^2}\right) = -y\left(-2r^{-3}\frac{\partial r}{\partial x}\right) = \frac{2xy}{r^4}$

8) $\frac{\partial^2 \vartheta}{\partial y^2} = \frac{\partial}{\partial y}\left(\frac{x}{r^2}\right) = x\frac{\partial}{\partial y}\left(\frac{1}{r^2}\right) = x\left(-2r^{-3}\frac{\partial r}{\partial y}\right) = \frac{-2xy}{r^4}$.

Si on remplace les expressions 1), 3), 5) et 7) dans l'expression que l'on a trouvée plus haut soit :

$$\frac{\partial^2 u}{\partial x^2} = \frac{\partial u}{\partial r}\frac{\partial^2 r}{\partial x^2} + \frac{\partial^2 u}{\partial r^2}\left(\frac{\partial r}{\partial x}\right)^2 + \frac{\partial u}{\partial \vartheta}\frac{\partial^2 \vartheta}{\partial x^2} + 2\frac{\partial^2 u}{\partial r \partial \vartheta}\frac{\partial r}{\partial x}\frac{\partial \vartheta}{\partial x} + \frac{\partial^2 u}{\partial \vartheta^2}\left(\frac{\partial \vartheta}{\partial x}\right)^2$$

Nous déduisons que :

$$\frac{\partial^2 u}{\partial x^2} = \frac{\partial u}{\partial r}\frac{y^2}{r^3} + \frac{\partial^2 u}{\partial r^2}\left(\frac{x}{r}\right)^2 + \frac{\partial u}{\partial \vartheta}\frac{2xy}{r^4} - 2\frac{\partial^2 u}{\partial r \partial \vartheta}\frac{xy}{r^3} + \frac{\partial^2 u}{\partial \vartheta^2}\frac{y^2}{r^4}$$

Nous avons de façon similaire pour la variable y.

$$\frac{\partial^2 u}{\partial y^2} = \frac{\partial u}{\partial r}\frac{x^2}{r^3} + \frac{\partial^2 u}{\partial r^2}\left(\frac{y}{r}\right)^2 - \frac{\partial u}{\partial \vartheta}\frac{2xy}{r^4} + 2\frac{\partial^2 u}{\partial r \partial \vartheta}\frac{xy}{r^3} + \frac{\partial^2 u}{\partial \vartheta^2}\frac{x^2}{r^4}$$

En tenant compte que, $x^2 + y^2 = r^2$ on obtient l'équation polaire

$\nabla^2 u(r\cos(\vartheta), r\sin(\vartheta)) = \frac{\partial^2 u}{\partial r^2} + \frac{1}{r}\frac{\partial u}{\partial r} + \frac{1}{r^2}\frac{\partial^2 u}{\partial \vartheta^2} = 0$. Notons qu'on peut donner aussi la forme équivalente

$$\nabla^2 u(r\cos(\vartheta), r\sin(\vartheta)) = \frac{1}{r}\frac{\partial}{\partial r}\left(r\frac{\partial u}{\partial r}\right) + \frac{1}{r^2}\frac{\partial^2 u}{\partial \vartheta^2} = 0$$

Ceci est la forme polaire de l'équation de Laplace.

Résolution de l'équation de Laplace sur un disque avec $0 <, r < a, -\pi < \vartheta < \pi$.

Comme exemple final pour l'équation de Laplace nous allons résoudre l'équation sur un disque de rayon a avec des conditions aux limites de températures prescrites et périodiques. En plus que la température doit être finie sur le disque d'où la condition $|u(0,\vartheta)| < \infty$. Voici donc ce problème.

Problème : Résolution de l'équation de Laplace sur un disque.
Trouver la solution de l'E.D.P.

$\nabla^2 u = \frac{1}{r}\frac{\partial}{\partial r}\left(r\frac{\partial u}{\partial r}\right) + \frac{1}{r^2}\frac{\partial^2 u}{\partial \theta^2} = 0$ $|u(0,\vartheta)| < \infty$, $u(a,\vartheta) = f(\vartheta), u(-\pi,r) = u(\pi,r), \frac{\partial u}{\partial \vartheta}(-\pi,r) = \frac{\partial u}{\partial \vartheta}(\pi,r)$..

Soit une solution de la forme $u(\varphi,r) = \varphi(\theta)G(r)$. $0 < r < a, -\pi < \vartheta < \pi$. En remplaçant la solution produit dans l'équation nous obtenons

$\frac{1}{r}\varphi(\theta)\frac{\partial}{\partial r}\left(r\frac{\partial G(r)}{\partial r}\right) + \frac{G(r)}{r^2}\frac{\partial^2 \varphi(\theta)}{\partial \theta^2} = 0$.

En multipliant les deux membres de l'équation par $\frac{r^2}{G(r)\varphi(\theta)}$ on établit que $\frac{r}{G(r)}\frac{\partial}{\partial r}\left(r\frac{\partial G(r)}{\partial r}\right) = -\frac{1}{\varphi(\theta)}\frac{\partial^2 \varphi(\theta)}{\partial \theta^2}$ si $\lambda > 0$ est la variable de séparation on a les deux équations 1) $\frac{r}{G}\frac{\partial}{\partial r}\left(r\frac{\partial G}{\partial r}\right) = \lambda$ 2) $\frac{1}{\varphi}\frac{\partial^2 \varphi}{\partial \theta^2} = -\lambda$ d'où :

$r\frac{\partial}{\partial r}(rG'(r)) - \lambda G = 0$ et $\varphi''(\theta) + \lambda\varphi = 0$ les conditions se traduisent par $|G(0)| < \infty$, $u(a,\vartheta) = f(\vartheta), \varphi(-\pi,) = \varphi(\pi,), \frac{\partial u}{\partial \vartheta}(-\pi) = \frac{\partial u}{\partial \theta}(\pi)$.

$\varphi''(\theta) + \lambda\varphi(\vartheta) = 0$ a pour solution $c_1 \cos(\sqrt{\lambda}\theta) + c_2 \sin(\sqrt{\lambda}\theta)$ et on a déjà montré que avec ce type de conditions :

$\varphi(-\pi,) = \varphi(-\pi,) \to 2c_2 \sin(\sqrt{\lambda}\pi) = 0$ et la deuxième condition aussi $\frac{\partial u}{\partial \vartheta}(-\pi) = \frac{\partial u}{\partial \theta}(\pi)$ entraîne aussi $2c_1 \sin(\sqrt{\lambda}\pi) = 0$ ce qui veut dire qu'on ne peut pas avoir c_2 et c_1 nuls en même temps et donc $\sin(\sqrt{\lambda}\pi) = 0 \to \lambda = n^2$ n=1, 2, 3….et pour chaque valeur propre de λ on a deux fonctions propres :

$\lambda = n^2 \; \varphi_n = \sin(n\vartheta) \; n \geq 0 \quad \lambda = n^2 \; \varphi_n = \cos(n\vartheta) \; n > 0$.

Solutionnons la seconde équation maintenant que nous connaissons les valeurs propres, $r \frac{\partial}{\partial r}(rG'(r)) - n^2 G = 0 \rightarrow r(rG''(r) + G'(r)) - n^2 G = 0$

Cette équation d'Euler $r^2 G''(r) + rG'(r)) - n^2 G = 0$ aura comme on le sait pour solution $G(r) = a_1 r^{p_1} + a_2 r^{p_2}$ où p_1 et p_2 sont solutions de l'équation quadratique $p(p-1) + p - n^2 = 0 \rightarrow p = \pm n$.

Les solutions sont donc $G(r) = c_1 + c_2 \ln(r) \; si \; n = 0, et \; G(r) = c_3 r^n + c_4 r^{-n} \; si \; n \geq 1$, comme $|G(0)| < \infty$ on doit avoir nécessairement pour vérifier la condition $c_2 = 0$ et $c_4 = 0$ car les deux solutions tendent vers l'infini si r tend vers zéro, la solution se réduit donc à $G(r) = c_1 r^n \; n = 0,1,2,3 \ldots$.

Il y a donc deux solutions produit :

$u_n = A_n r^n \cos(n\vartheta) \; n = 0, 1, 2, 3 \; ou \; u_n = B_n r^n \sin(n\vartheta) \; n = 1, 2, 3 \ldots$

La solution produit pour l'équation homogène sera est donc égale à

$u(\vartheta, r) = \sum_{n=0}^{\infty} A_n r^n \cos(n\vartheta) + \sum_{n=1}^{\infty} B_n r^n \sin(n\vartheta)$

Avec la condition $u(a, \vartheta) = f(\vartheta)$ nous obtenons

$u(a, \vartheta) = f(\vartheta) = \sum_{n=0}^{\infty} A_n a^n \cos(n\vartheta) + \sum_{n=1}^{\infty} B_n a^n \sin(n\vartheta)$. On reconnaît la série de Fourier de $f(\vartheta)$ dans l'intervalle $[-\pi, \pi]$ (L= π).

D'après ce qu'on connaît de la série de Fourier les coefficients

$A_n a^n$ et $B_n a^n$ de cette série sont donnés par

$A_0 = \frac{1}{2\pi} \int_{-\pi}^{\pi} f(\vartheta) d\vartheta, \; A_n a^n = \frac{1}{\pi} \int_{-\pi}^{\pi} f(\vartheta) \cos(n\vartheta) d\theta \quad n > 1$

$B_n a^n = \frac{1}{\pi} \int_{-\pi}^{\pi} f(\vartheta) \sin(n\vartheta) d\theta \quad n > 1$.

La solution complète sera donc :

$u(\vartheta, r) = \frac{1}{2\pi} \int_{-\pi}^{\pi} f(\vartheta) d\vartheta + \sum_{n=1}^{\infty} \left[\frac{1}{\pi a^n} \int_{-\pi}^{\pi} f(\vartheta) \cos(n\vartheta) d\theta \right] r^n \cos(n\vartheta) +$
$\sum_{n=1}^{\infty} \left[\frac{1}{\pi a^n} \int_{-\pi}^{\pi} f(\vartheta) \sin(n\vartheta) d\vartheta \right] r^n \sin(n\vartheta)$.

Équation de Poisson.

L'équation de Poisson en deux dimensions est définie par

$\nabla^2 u = f \rightarrow \frac{\partial^2 u}{\partial x^2} + \frac{\partial^2 u}{\partial y^2} = f(x, y)$. Cette équation apparaît dans presque tous les domaines des sciences physiques.

Solution particulière de l'équation de Poisson, par double intégrale de Fourier.

Soit une plaque carrée, métallique et mince avec la surface inférieure et supérieure parfaitement isolées. L'équation à deux dimensions donnant l'état stationnaire de la répartition thermique de la plaque avec une source de chaleur indépendante du temps t est une équation de Poisson :

$\frac{\partial^2 u}{\partial x^2} + \frac{\partial^2 u}{\partial y^2} = F(x, y)$, $(x, y) \in [0, a] \times [0, a]$. Les conditions limites dans le cas de ce problème sont données par :

$u(0, y) = g_1(y)$, $u(a, y) = g_2(y)$, $u(x, a) = f_1(x)$ et $u(x, 0) = f_2(x)$

Pour résoudre l'équation nous devons d'abord trouver la solution générale u_2 de l'équation homogène $\frac{\partial^2 u}{\partial x^2} + \frac{\partial^2 u}{\partial y^2} = 0$, u_2 satisfaisant toutes les conditions aux limites non homogènes qui sont données et ajouter une solution particulière u_1 de $\frac{\partial^2 u}{\partial x^2} + \frac{\partial^2 u}{\partial y^2} = F(x, y)$ vérifiant les conditions toutes homogènes :

$u(0, y) = u(a, y) = u(x, a) = u(x, 0) = 0$. Or, la solution u_2 a été trouvée à la section de la résolution de l'équation de Laplace sur un carrée et est donnée par $u_2(x, y) = \sum_{k=1}^{\infty} \left[\frac{2}{a \sin h(k\pi)} \int_0^a f_1(x) \sin\left(\frac{k\pi}{a} x\right) dx \right] \sin\left(\frac{k\pi}{a} x\right) \sinh\left(\frac{k\pi}{a} y\right) +$

$\sum_{n=1}^{\infty} \left[\frac{2}{a \sin h(n\pi)} \int_0^a f_2(x) \sin\left(\frac{n\pi}{a}x\right) dx \right] \sin\left(\frac{n\pi}{a}x\right) (\sinh(\frac{n\pi}{a}(a-y))) +$

$\sum_{p=1}^{\infty} \left[\frac{2}{a \sin h(p\pi)} \int_0^a g_1(y) \sin\left(\frac{p\pi}{a}y\right) dx \right] \sin\left(\frac{p\pi}{a}y\right) (\sinh(\frac{p\pi}{a}(a-x)))$

$+ \sum_{s=1}^{\infty} \left[\frac{2}{a\sinh(s\pi)} \int_0^a g_2(y) \sin\left(\frac{s\pi}{a}y\right) dy \right] \sin\left(\frac{s\pi}{a}y\right) \sinh\left(\frac{s\pi}{a}x\right).$

Pour chercher une solution particulière exprimons $F(x, y)$ comme :

$F(x,y) = \sum_{n,m=1}^{\infty} a_{n,m} \sin\left(\frac{n\pi}{a}x\right) \sin\left(\frac{m\pi}{a}y\right)$. Notons qu'une solution de cette forme vérifie les conditions homogènes du problème. Remplaçant cette solution dans l'équation on a :

$\frac{\partial^2 u}{\partial x^2} = -\sum_{n,m=1}^{\infty} a_{n,m} \left(\frac{n\pi}{a}\right)^2 \sin\left(\frac{n\pi}{a}x\right) \sin\left(\frac{m\pi}{a}y\right)$

$\frac{\partial^2 u}{\partial y^2} = -\sum_{n,m=1}^{\infty} a_{n,m} \left(\frac{m\pi}{a}\right)^2 \sin\left(\frac{n\pi}{a}x\right) \sin\left(\frac{m\pi}{a}y\right)$. On obtient alors :

$\sum_{n,m=1}^{\infty} -a_{n,m} \left(\left(\frac{n\pi}{a}\right)^2 + \left(\frac{m\pi}{a}\right)^2\right) \sin\left(\frac{n\pi}{a}x\right) \sin\left(\frac{m\pi}{a}y\right) = F(x,y)$. On reconnait au membre de gauche la série sinus double de Fourier de la fonction à deux variables $F(x, y)$ sur $[0, a]\times[0, a]$ et donc

$-a_{n,m} \left(\left(\frac{n\pi}{a}\right)^2 + \left(\frac{m\pi}{a}\right)^2\right) = \frac{4}{a^2} \int_0^a \int_0^a F(x,y) \sin\left(\frac{n\pi}{a}x\right) \sin\left(\frac{m\pi}{a}y\right) dxdy$

Donc $a_{n,m} = -\frac{4}{\pi^2(n^2+m^2)} \int_0^a \int_0^a F(x,y) \sin\left(\frac{n\pi}{L}x\right) \sin\left(\frac{m\pi}{M}y\right) dxdy$ m, n=1, 2, 3…

Une solution particulière du problème est donc :

$u_1(x,y) = \sum_{n,m=1}^{\infty} a_{n,m} \sin\left(\frac{n\pi}{L}x\right) \sin\left(\frac{m\pi}{M}y\right)$. Avec les coefficients $a_{n,m}$ tels qu'ils ont été déduits ci-haut. La solution générale comme nous savons sera donnée par $u(x, y) = u_1(x, y) + u_2(x, y)$.

Exercices de fin de chapitre.

I) Utiliser la méthode de séparation de variables pour résoudre les E.D.P suivants :

1- $\frac{\partial u}{\partial x} = 4\frac{\partial u}{\partial y}$ si $u(0,y) = 8e^{-3y}$.

2- $\frac{\partial u}{\partial x} = 4\frac{\partial u}{\partial y}$ si $u(0,y) = 8e^{-3y} + 4e^{-5y}$.

II) Résoudre par séparation de variable les E.D.P.

1- $3\frac{\partial u}{\partial x} + 2\frac{\partial u}{\partial y} = 0$ si $u(x,0) = 4e^x$.

2- $\frac{\partial u}{\partial x} = 2\frac{\partial u}{\partial y} + u$ et $u(x,0) = 3e^{-5x} + 2e^{-3x}$.

III) Résoudre l'équation de la chaleur donnée par l'E.D.P.

$\frac{\partial u}{\partial t} = 5\frac{\partial^2 u}{\partial x^2}$ $0 < x < 3, t > 0$ $u(0,t) = u(3,t) = 0$ et $u(x,0) = f(x)$

$f(x)$ est périodique sur $x \in [0,1]$.

IV) Résoudre l'équation de la corde vibrante donnée par l'E.D.P. et sujette aux conditions limites.

$\frac{\partial^2 u}{\partial t^2} = 16\frac{\partial^2 u}{\partial x^2}$ $u(0,t) = 0, u(2,t) = 0, \frac{\partial u}{\partial t}(x,0) = 0$ et $u(x,0) = h(x)$.

V) résoudre complètement l'équation de Laplace donnée par l'E.D.P.

$\frac{\partial^2 u}{\partial t^2} + \frac{\partial^2 u}{\partial x^2} = 0$ $0 < x < b, 0 < t < b$ et $u(x,0) = 0, u(x,b) = 1$ $u(0,y) = 0$ et $u(a,y) = 0$.

VII). Une barre rigide de longueur égale à 3 unités et ayant une constante de diffusivité thermique de 2 unités possèdent des parois isolées. Si les extrémités de la barre, sont maintenues à 0 degré de température et que la température initiale est donnée par :

$u(x, 0) = 5\sin(4\pi x) - 3\sin(8\pi x) + 2\sin(10\pi x)$.

Trouver la température de la barre au temps t. Utiliser l'équation de la chaleur sans source. On supposera aussi que $|u(x,t)|$<M.

Corrigés des exercices de fin de chapitre.

I) Utiliser la méthode de séparation de variables pour résoudre les E.D.P suivants :

1- $\frac{\partial u}{\partial x} = 4\frac{\partial u}{\partial y}$ si $u(0,y) = 8e^{-3y}$.

2- $\frac{\partial u}{\partial x} = 4\frac{\partial u}{\partial y}$ si $u(0,y) = 8e^{-3y} + 4e^{-5y}$.

1-Opérons par séparation de variables soit $u(x,y) = X(x)Y(y)$. En remplaçant dans l'équation on a : $X'(x)Y(y) = 4X(x)Y'(y)$ donc en divisant les deux membres par $X(x)Y(y) \rightarrow \frac{X'(x)}{4X(x)} = \frac{Y'(y)}{Y(y)}$.

Soit k>0 la variable de séparation on obtient les deux équations différentielles ordinaires 1) $\frac{X'(x)}{X(x)} = 4k$ et 2) $\frac{Y'(y)}{Y(y)} = k$ qui ont pour solutions $X(x) = Ae^{4kx}$ pour La première équation et $Y(y) = Be^{ky}$ pour la seconde. La solution produit est donc $u(x,y) = Me^{k(4x+y)}$ où $M = AB$. Avec la condition aux limites qui est donnée $u(0,y) = Me^{4kx} = 8e^{-3y}$. Cette égalité sera vraie si on a M=8 et k=-3. La solution de cette équation est $u(x,y) = 8e^{-3(4x+y)}$ ou

$u(x,y) = 8e^{-12x-3y)}$.

2- Si $u(0,y) = 8e^{-3y} + 4e^{-5y}$. Nous trouvons par le même raisonnement qu'au numéro 1 que l'équation produit est toujours $u(x,y) = Me^{k(4x+y)}$

Avec M et K constante arbitraires. Par le théorème de superposition des solutions des équations homogènes on a aussi que

$u(x,y) = M_1 e^{k_1(4x+y)} + M_2 e^{k_2(4x+y)}$ est aussi une solution produit de l'équation.

$u(0,y) = M_1 e^{k_1 y} + M_2 e^{k_2 y} = 8e^{-3y} + 4e^{-5y}$. On déduit que $M_1 = 8, k_1 = -3$ et $M_2 = 4, k_2 = -5$. La solution de cette équation qui vérifie la condition donnée est donc : $u(x,y) = 8e^{-12x-3y} + 4e^{-20x-5y}$.

II) Résoudre par séparation de variable les E.D.P.

1- $3\frac{\partial u}{\partial x} + 2\frac{\partial u}{\partial y} = 0 \quad si \; u(x,0) = 4e^x$.

2- $\frac{\partial u}{\partial x} = 2\frac{\partial u}{\partial y} + u \; et \; u(x,0) = 3e^{-5x} + 2e^{-3x}$.

1- $3\frac{\partial u}{\partial x} + 2\frac{\partial u}{\partial y} = 0 \quad si \; u(x,0) = 4e^x$.

En remplaçant dans l'équation $u(x,y) = X(x)Y(y)$ on a :

$3X'(x)Y(y) + 2X(x)Y'(y) = 0$, donc en divisant les deux membres par $6X(x)Y(y) \to -\frac{X'(x)}{2X(x)} = \frac{Y'(y)}{3Y(y)}$. Soit k>0 la variable de séparation on obtient les deux équations différentielles ordinaires 1)$\frac{X'(x)}{X(x)} = -2k \; et \; 2)\frac{Y'(y)}{Y(y)} = 3k$ qui ont pour solutions $X(x) = Ae^{-2kx}$ pour la première équation et $Y(y) = Be^{3ky}$ pour la seconde. La solution produit est donc $u(x,y) = Me^{k(-2x+3y)}$ où $M = AB$. Avec la condition aux limites qui est donnée $u(x,0) = Me^{-2kx} = 4e^x$. Cette égalité sera vraie si on a M=4 et k=$-\frac{1}{2}$.

La solution cherchée est : $u(x,y) = 4e^{(x-\frac{3}{2}y)}$.

2- $\frac{\partial u}{\partial x} = 2\frac{\partial u}{\partial y} + u \; et \; u(x,0) = 3e^{-5x} + 2e^{-3x}$.

En remplaçant dans l'équation $u(x,y) = X(x)Y(y)$ on a :

$X'(x)Y(y) = 2X(x)Y'(y) + X(x)Y(y)$ donc en divisant les deux membres par $2X(x)Y(y) \to \frac{X'(x)}{2X(x)} = \frac{Y'(y)}{Y(y)} + \frac{1}{2}$.

Soit k>0 la variable de séparation on obtient les deux équations différentielles ordinaires 1)$\frac{X'(x)}{2X(x)} - \frac{1}{2} = k \; et \; 2)\frac{Y'(y)}{Y(y)} = k$ qui ont pour solutions $X(x) = Ae^{2(k+\frac{1}{2})x}$ pour La première équation et $Y(y) = Be^{ky}$ pour la seconde. La solution produit est donc $u(x,y) = Me^{((2k+1)x+ky)}$ où $M = AB$.

Donc une solution produit sera donnée, par le théorème de la superposition des solutions de l'équation homogène par :

$u(x,y) = M_1 e^{((2k_1+1)x+k_1 y)} + M_2 e^{((2k_2+1)x+k_2 y)}$.

$u(x,0) = M_1 e^{(2k_1+1)x} + M_2 e^{(2k_2+1)x} = 3e^{-5x} + 2e^{-3x}$ D'où on a par identification $M_1 = 3$ et $2k_1 + 1 = -5, M_2 = 2$ et $2k_2 + 1 = -3$ ce qui donne : $k_1 = -3$ et $k_2 = -2$ Dans ce cas la solution satisfaisant la condition aux limites est $u(x,y) = 3e^{-5x-3y} + 2e^{-3x-2y}$.

III) Résoudre l'équation de la chaleur donnée par l'E.D.P.

$\frac{\partial u}{\partial t} = 5 \frac{\partial^2 u}{\partial x^2}$ $0 < x < 3, t > 0$ $u(0,t) = u(3,t) = 0$ et $u(x,0) = f(x), f(x)$, périodique sur $x \in [0,3]$.

Par séparation de variables si $u(x,t) = \varphi(x)Y(t)$. On a en substituant dans l'équation $\varphi(x)Y'(t) = 5\varphi''(x)Y(t) \rightarrow \frac{\varphi''(x)}{\varphi(x)} = \frac{Y'(t)}{5Y(t)} = -\lambda, \lambda > 0$ Notons que le choix de $-\lambda$ pour constante de séparation est dicté par ce qu'on a deux conditions pour x et une seule pour t. On obtient les deux équations :

$\frac{\varphi''(x)}{\varphi(x)} = -\lambda$, qui a pour solution $c_1 cosin(\sqrt{\lambda}x)c_1 + c_2 sin(\sqrt{\lambda}x)$, tandis que la solution de $\frac{Y'(t)}{5Y(t)} = -\lambda$ est donnée par $Y(t) = c_3 e^{-5\lambda t}$.

$u(x,t) = c_3 e^{-5\lambda t}(c_1 cos(\sqrt{\lambda}x)c_1 + c_2 sin(\sqrt{\lambda}x))$ est une solution produit.

Avec les conditions $u(0,t) = u(3,t) = 0$ on a respectivement $\varphi(0) = 0$ donc $c_1 = 0$ et $\varphi(3) = 0$ donc $c_2 sin(3\sqrt{\lambda}) =\rightarrow \lambda = \left(\frac{n\pi}{3}\right)^2$ n=1, 2, 3...

Donc pour chaque valeur propre on a la solution produit

$u_n(x,t) = c_3 c_2 e^{-5\left(\frac{n\pi}{3}\right)^2 t} sin\left(\frac{n\pi}{3}\right)x = M_n e^{-5\left(\frac{n\pi}{3}\right)^2 t} sin\left(\frac{n\pi}{3}\right)x$ n=1,2,3...

Comme $u(x,0) = f(x)$ et que par le théorème de superposition la série

$u(x,t) = \sum_{n=1}^{\infty} M_n e^{-5\left(\frac{n\pi}{3}\right)^2 t} \sin\left(\frac{n\pi}{3}\right)x$, est aussi solution on doit avoir

$u(x,0) = f(x) = \sum_{n=1}^{\infty} M_n \sin\left(\frac{n\pi}{3}x\right)$. On reconnaît la série sinus de Fourier de la fonction périodique $f(x)$ sur [0, 3]. Par ce que nous savons des coefficients d'une telle série $M_n = \frac{2}{3}\int_0^3 f(x) \sin\left(\frac{n\pi}{3}x\right) dx$ $n = 1, 2, 3..$

La solution de cette équation de la chaleur est donnée par

$$u(x,t) = \int_{n=1}^{\infty} \left[\frac{2}{3}\int_0^3 f(x) \sin\left(\frac{n\pi}{3}x\right) dx\right] e^{-5\left(\frac{n\pi}{3}\right)^2 t} \sin\left(\frac{n\pi}{3}x\right).$$

IV) Résoudre l'équation de la corde vibrante donnée par l'E.D.P. et sujette aux conditions limites.

$\frac{\partial^2 u}{\partial t^2} = 16 \frac{\partial^2 u}{\partial x^2}$ $u(0,t) = 0, u(2,t) = 0, \frac{\partial u}{\partial t}(x,0) = 0$ et $u(x,0) = h(x)$.

Par séparation de variables si $u(x,t) = \varphi(x)Y(t)$. On a en substituant dans l'équation $\varphi(x)Y''(t) = 16\varphi''(x)Y(t) \rightarrow \frac{\varphi''(x)}{\varphi(x)} = \frac{Y''(t)}{16Y(t)} = -\lambda$, $\lambda > 0$. Notons que le choix de $-\lambda$ pour constante de séparation est dicté par ce qu'on a deux conditions homogènes pour x et une seule condition homogène pour t. On obtient les deux équations :

$\frac{\varphi''(x)}{\varphi(x)} = -\lambda$ qui a pour solution $c_1\cos(\sqrt{\lambda}x)c_1 + c_2\sin(\sqrt{\lambda}x)$, tandis que la solution de $\frac{Y''(t)}{Y(t)} = -16\lambda$ est donnée par $Y(t) = c_3\cos(4\sqrt{\lambda}t) + c_4\sin(\sqrt{\lambda}t)$.

Examinons les conditions aux limites $u(0,t) = 0 \rightarrow \varphi(0) = 0$ et $c_1 = 0$

$\frac{\partial u}{\partial t}(x,0) = 0 \rightarrow Y'(0) = 0$ et $Y'(t) = -c_3 4\sqrt{\lambda}\sin(4\sqrt{\lambda}t) + c_4 4\sqrt{\lambda}\cos(4\sqrt{\lambda}t)$.

Donc $Y'(0) = 0 \rightarrow c_4 = 0$ et $u(x,t) = c_2 c_3 \sin(\sqrt{\lambda}x)\cos(4\sqrt{\lambda}t)$.

Si $u(2,t) = 0$ alors $sin(2\sqrt{\lambda}) = 0 \to \lambda = \left(\frac{n\pi}{2}\right)^2$ n=1, 2, 3… Donc :

$u_n(x,t) = M_n sin\left(\frac{n\pi}{2}x\right) cos(2n\pi t)$ avec $M = c_2 c_3$ est la solution produit. Par superposition la série des solutions $u(x,t) = \sum_{n=1}^{\infty} M_n sin\left(\frac{n\pi}{2}x\right) cos(2n\pi t)$ l'est aussi. Or si on emploie la condition $u(x,0) = h(x)$ on trouve

$u(x,0) = \sum_{n=1}^{\infty} M_n sin\left(\frac{n\pi}{2}x\right) = h(x)$.

Cette série représente la série sinus de $h(x)$ sur [0, 2] donc la solution de cette équation est donnée par.

$u(x,t) = \sum_{n=1}^{\infty} \left[\int_0^2 h(x) sin\left(\frac{n\pi}{2}x\right) dx\right] sin\left(\frac{n\pi}{2}x\right) cos(2n\pi t)$.

Où $M_n = \int_0^2 h(x) sin\left(\frac{n\pi}{2}x\right) dx$. n=1, 2, 3…

VI) résoudre complètement l'équation de Laplace donnée par l'E.D.P.

$\frac{\partial^2 u}{\partial t^2} + \frac{\partial^2 u}{\partial x^2} = 0$ $0 < x < a$ $0 < t < b$, et $u(x,0) = 0$, $u(x,b) = 1$ $u(0,t) = 0$ $u(a,t) = 0$.

C'est l'équation de Laplace avec les conditions aux limites de Dirichlet.

Soit $u(x,t) = \varphi(x)Y(t)$. On a en substituant dans l'équation

$\varphi(x)Y''(t) + \varphi(x)Y''(t) = 0 \to \frac{\varphi''(x)}{\varphi(x)} = -\frac{Y''(t)}{Y(t)} = -\lambda, \lambda > 0$ Notons que nous prenons $-\lambda$ et non λ comme constante de séparation parce que nous avons deux conditions homogènes en x et une seule en t. Nous avons donc de cette manière $\frac{\varphi''(x)}{\varphi(x)} = -\lambda$ qui a pour solution $c_1 cos(\sqrt{\lambda}x) + c_2 sin(\sqrt{\lambda}x)$ et

$\frac{Y''(t)}{Y(t)} = \lambda$, qui a pour solution $c_3 cosh(\sqrt{\lambda}x) + c_4 sinh(\sqrt{\lambda}x)$.

La conditions $u(0,t) = 0$ et se traduit par $\varphi(0) = 0$ $donc$

$c_1 = 0$ et $u(x,t) = c_2 \sin(\sqrt{\lambda}x)\left(c_3 \cosh(\sqrt{\lambda}t) + c_4 \sinh(\sqrt{\lambda}t)\right)$.

La condition $u(a,t) = 0$ entraîne que $c_2 \sin(a\sqrt{\lambda}) = 0 \to \lambda = \left(\frac{n\pi}{a}\right)^2$ $n = 1, 2, 3 \ldots$ La dernière condition homogène $u(x, 0) = 0 \to c_3 + c_4 \cdot 0 = 0$ donc $c_3 = 0$.

$u(x,t) = c_2 c_4 \sin(\sqrt{\lambda}x)\sinh(\sqrt{\lambda}t) = M \sin\left(\frac{n\pi}{a}x\right)\sinh\left(\frac{n\pi}{a}t\right)$ $M = c_2 c_4$ est la solution produit. et il en résulte que pour n=1, 2, 3…. avec les valeurs propres de λ trouvées ci-haut, l'expression de la solution produit sera donnée par :

$u_n(x,t) = M_n \sin\left(\frac{n\pi}{a}x\right)\sinh\left(\frac{n\pi}{a}t\right)$, c'est la solution produit qui satisfait les conditions aux limites, alors $u(x,t) = \sum_{n=1}^{\infty} M_n \sin\left(\frac{n\pi}{a}x\right)\sinh\left(\frac{n\pi}{a}t\right)$ est aussi solution par superposition. Si on emploie la dernière condition non homogène :

$u(x,b) = 1 = \sum_{n=1}^{\infty} M_n \sin\left(\frac{n\pi}{a}x\right)\sinh\left(\frac{n\pi}{a}b\right)$. Cette série est la série de Fourier de 1 sur [0, a] donc on sait que :

$M_n \sinh\left(\frac{n\pi}{a}b\right) = \frac{2}{a}\int_0^a 1 \sin\left(\frac{n\pi}{a}x\right)dx = -\frac{2}{a}\frac{a}{n\pi}\left[\cos\left(\frac{n\pi}{a}x\right)\right]_0^a$

$M_n = \frac{2}{n\pi \sinh\left(\frac{n\pi}{a}b\right)}(1 - (-1)^n)$.

La solution complète de cette équation est :

$u(x,t) = \frac{2}{\pi}\sum_{n=1}^{\infty}\left[\frac{1}{n \sinh\left(\frac{n\pi}{a}b\right)}(1 - (-1)^n)\right]\sin\left(\frac{n\pi}{a}x\right)\sinh\left(\frac{n\pi}{a}t\right)$.

$u(x,t) = \frac{4}{\pi}\sum_{k=0}^{\infty}\frac{1}{(2k+1)\sinh\left(\frac{(2k+1)\pi}{a}b\right)}\sin\left(\frac{(2k+1)\pi}{a}x\right)\sinh\left(\frac{(2k+1)\pi}{a}t\right)$.

V). Une barre rigide de longueur égale à 3 unités et ayant une constante de diffusivité thermique de 2 unités possèdent des parois isolées. Si les extrémités de la barre, sont maintenues à 0 degré de température et que la température initiale est donnée par :

$u(x, 0) = 5\sin(4\pi x) - 3\sin(8\pi x) + 2\sin(10\pi x).$

Trouver la température de la barre au temps t. Utiliser l'équation de la chaleur sans source. On supposera aussi que $|u(x,t)|<M$.

L'équation de la chaleur correspondant au problème est :

$\frac{\partial u}{\partial t} = 2\frac{\partial^2 u}{\partial x^2}$ $0 < x < 3, t > 0$ $u(0,t) = u(3,t) = 0$ et $u(x,0) = 5\sin(4\pi x) - 3\sin(8\pi x) + 2\sin(10\pi x)$ $|u(x,t)| < M$.

En procédant comme au numéro IV) par séparation de variables

$u(x,t) = \varphi(x)Y(t)$. On obtient $\frac{\varphi''(x)}{\varphi(x)} = \frac{Y'(t)}{2Y(t)} = -\lambda, \lambda > 0$ $\frac{\varphi''(x)}{\varphi(x)} = -\lambda$ qui a pour solution $c_1\cos(\sqrt{\lambda}x)c_1 + c_2\sin(\sqrt{\lambda}x)$ $\frac{Y'(t)}{Y(t)} = -2\lambda$ qui a pour solution, est $Y(t) = c_3 e^{-2\lambda t}$.

La solution produit est $\left(c_1\cos(\sqrt{\lambda}x) + c_2\sin(\sqrt{\lambda}x)c_3 e^{-2\lambda t}\right)$

Avec $u(0,t) = u(3,t) = 0$ on a $\varphi(0) = 0$ donc $c_1 = 0$ $\varphi(3) = 0$ donc

$\lambda = \left(\frac{n\pi}{3}\right)^2$ et la solution produit est $u(x,t) = M\sin\left(\frac{n\pi}{3}x\right)e^{-2\left(\frac{n\pi}{3}\right)^2 t}$

M=c_2c_3 alors par superposition on a une solution $u(x,y)$ qui est égale à :

$$u(x,y) = M_1 \sin\left(\frac{n_1\pi}{3}x\right)e^{-2\left(\frac{n_1\pi}{3}\right)^2 t} + M_2 \sin\left(\frac{n_2\pi}{3}x\right)e^{-2\left(\frac{n_2\pi}{3}\right)^2 t} + M_3 \sin\left(\frac{n_3\pi}{3}x\right)e^{-2\left(\frac{n_3\pi}{3}\right)^2 t}$$ donc :

$$u(x,0) = M_1\sin\left(\frac{n_1\pi}{3}x\right) + M_2\sin\left(\frac{n_2\pi}{3}x\right) + M_3\sin\left(\frac{n_3\pi}{3}x\right) = 5\sin(4\pi x) - 3\sin(8\pi x) + 2\sin(10\pi x).$$

On déduit que $M_1 = 5$ $M_2 = -3$ et $M_3 = 2$ et que $n_1 = 12$ $n_2 = 24$ et $n_3 = 30$. La solution complète de l'équation est :

$$u(x,t) = 5e^{-32\pi^2 t}\sin(4\pi x) - 3e^{-128\pi^2 t}\sin(8\pi x) + 2e^{-200\pi^2 t}\sin(10\pi x)$$

Chapitre 5. Résolution des E.D.P. par les transformées de Laplace.

Dans ce chapitre nous allons voir comment résoudre des équations aux dérivées partielles, (E.D.P.) à coefficients constants en utilisant les transformées de Laplace (T.L.). Pour une étude des propriétés des transformées de Laplace et de leur application à la résolution des équations différentielles, (E.D.O.), je réfère le lecteur au chapitre V de mon livre : « Théorie des équations différentielles ordinaires avec transformées de Laplace », publié aux Presses académiques francophones –Janvier 2013-

J'assume donc que le lecteur est familier avec les propriétés des T.L. et je me contenterai de donner l'essentiel des résultats et des transformées sous forme de tableaux, j'ajouterai quelques T.L. supplémentaires qui seront utiles pour les solutions inédites de certains problèmes.

Rappels essentiels sur les transformées de Laplace.

Définition : Soit $f(x)$ une fonction définie sur $[0, \infty]$ et s une variable qui peut être réelle ou complexe la transformée de Laplace $f(x)$ notée $L\{f(t)\}$ ou $F(s)$ est égale à $\int_0^\infty e^{-st} f(t) dt$ pour toute valeur de s pour laquelle l'intégrale indéfinie converge. Si cette Intégrale n'existe pas la fonction $f(x)$ ne possèdera pas de T.L. En évaluant cette intégrale la variable s est considéré comme une constante. La question qu'on se pose c'est de savoir s'il existe des conditions au moins suffisantes pour qu'une fonction $f(x)$ ait une transformée de Laplace. Il existe en effet deux conditions suffisantes pour qu'une $f(x)$ puisse posséder une T.L.

1- $f(x)$ doit être continue par morceaux sur tout sous-intervalle de $[0, \infty$, c'est-à-dire la fonction est continue sur tout sous intervalle sauf pour un nombre fini des points des discontinuités dans ce sous intervalle tels que pour chaque point de discontinuité x_0 on a que $\lim_{x_0^-} f(x_0) \neq \lim_{x_0^+} f(x_0)$ et ces valeurs aux extrémités sont finies. Un exemple de fonction définie par morceau est la fonction unitaire Heaviside $H_0(t) \begin{cases} 0 & t < 0 \\ 1 & t \geq 0 \end{cases}$

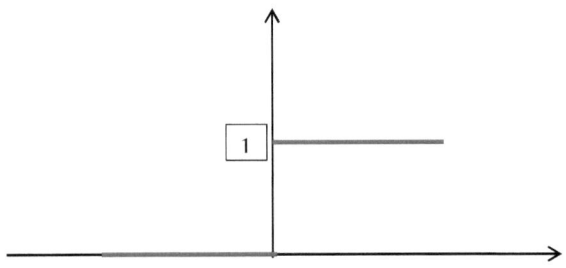

Exemple de fonction continue par morceaux :

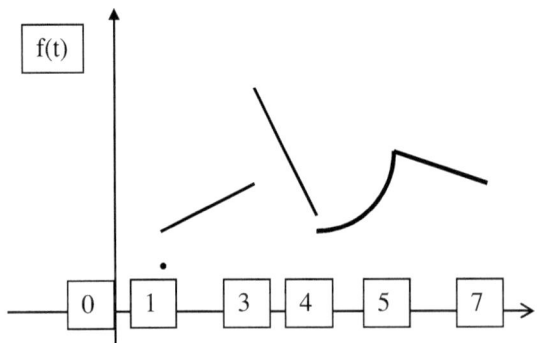

2- $f(x)$ doit être d'ordre exponentielle a c'est à dire qu'on a $|f(t)| \leq Me^{at}$ $\forall t > 0$ et $M > 0$.

Ce qui est équivalent à $|e^{-at}f(t)| \leq M$ $\forall t > 0$. Évidemment si une fonction est telle que, $\lim_{t\to\infty} e^{-at}f(t) = 0$ *pour une valeur de* $a > 0$ alors $f(x)$ est d'ordre exponentielle.

Par exemple t^n possède une T.L. car la fonction vérifie les deux conditions citées plus haut. Elle est continue et donc continue par morceaux sur tout sous intervalle. Elle est aussi d'ordre exponentielle1 car :

$e^t = \sum_{n=0}^{\infty} \frac{t^n}{n!} \geq \frac{t^n}{n!}$ et donc $t^n \leq n! e^t$. Mais le lecteur peut vérifier que ce n'est pas le cas de e^{t^2-st} pour $s < 0$ on a $t^2 - st > 0$ et $\int_0^{\infty} e^{t^2-st} dt > \int_0^{\infty} 1 dt$ et et si $s > 0$ $\int_s^{\infty} e^{t^2-st} f(t) dt > \int_s^{\infty} 1 dt$ Sa transformée de Laplace est donc divergente quelle que soit la valeur de s.

Tableau 1. Propriétés des transformées de Laplace.

Linéarité : $L\{c_1 f_1(t) + c_2 f_2(t)\} = F_1(s) + F_2(s)$

Dilatation : $L\{f(at)\} = \frac{1}{a} F\left(\frac{s}{a}\right)$ $a \neq 0$

Translation : $L\{e^{at} f(t)\} = F(s - a)$ $s > a$ et $|f(t)| \leq Me^{at}$ $\forall t > 0$

Multiplication par t^n : $L\{t^n f(t)\} = (-1)^n \frac{d^n F(s)}{ds^n}$ $n = 1, 2, 3 \ldots s > 0$

Dérivée d'ordre n=1, 2, 3…

$L\{f^{(n)}(t)\} = s^n F(s) - s^{n-1} f(0) - s^{n-2} f'(0) - \cdots s^{n-p} f^{(p-1)}(0) - \cdots f^{(n-1)}(0)$

Fonction Heaviside.

$L\{H_a(t)\} = \frac{e^{-as}}{s}$ et $L\{H_a(t) f(t - a)\} = e^{-as} F(s)$. Où $H_a(t) \begin{cases} 0 & t < a \\ 1 & t \geq a \end{cases}$

Produit de convolution.

$L\{f(t) * g(t)\} = F(s).G(S)$, le produit de convolution est défini par :

$f(t) * g(t) = \int_0^t f(t-x)g(x)dx$.

Tableau des transformées de Laplace des fonctions courantes.

$L\{1\} = \frac{1}{s}$, $L\{H_0(t)\} = \frac{1}{s}$ $s > 0$

$L\{t^n\} = \frac{n!}{s^{(n+1)}}$ $s > 0$

$L\{e^{at}\} = \frac{1}{s-a}$ $s > a$

$L\{\cos(at+b)\} = \frac{s}{a^2+s^2}$ $s > a$

$L\{\sin(at+b)\} = \frac{a}{a^2+s^2}$ $s > a$

$L\{\cosh(at+b)\} = \frac{s}{s^2-a^2}$ $s > |a|$

$L\{\sin(at+b)\} = \frac{a}{s^2-a^2}$ $s > |a|$

$t > 0$ Si $\lim_{t \to 0} \frac{f(t)}{t}$ existe $L\left\{\frac{f(t)}{t}\right\} = \int_s^\infty F(s)ds$

$L\left\{\int_0^t f(t)dt\right\} = \frac{F(s)}{s}$

Transformées de Laplace supplémentaires.

$L\left\{\frac{1}{\sqrt{\pi t}}\right\} = \frac{1}{\sqrt{s}}$

$L\left\{\frac{1}{\sqrt{\pi t}} e^{\frac{-k^2}{4t}}\right\} = \frac{1}{\sqrt{s}} e^{-k\sqrt{s}}$ $k > 0$.

$L\left\{\frac{k}{\sqrt{4\pi t^3}} e^{\frac{-k^2}{4t}}\right\} = e^{-k\sqrt{s}}$ $k > 0$.

$L\left\{erfc\left(\frac{k}{2\sqrt{t}}\right)\right\} = \frac{1}{s} e^{-k\sqrt{s}}$ $k > 0$, et $erfc(u) = \frac{2}{\sqrt{\pi}} \int_u^\infty e^{-t^2} dt$.

Les transformées de Laplace sont utilisées pour résoudre des E.D.P. qui ont des équations évolutives c'est-à-dire l'une des deux variables indépendantes est le temps t comme l'équation de la chaleur ou de la corde vibrante. Les E.D.P qui possèdent deux variables spatiales indépendantes comme l'équation de Laplace ou celle de Poisson sont dites par opposition des équations stationnaires. La même idée que pour les E.D.O. s'appliquera aussi aux E.D.P. à coefficients constants ou possédant des paramètres connus pour trouver la solution u(x, t) d'une E.D.P. La transformée de Laplace s'appliquera seulement à la variable temps t$\geq$ 0, et laissera la variable spatiale comme constante. En particulier on définit la T.L. d'une fonction à deux variables $u(x,t)$ comme $L\{u(x,t)\} = U(x,s) = \int_0^\infty u(x,r)e^{-sr} dr$. La dérivée par rapport au temps est transformée de la même façon que pour une variable : $L\{u_t(x,t)\} = sU(x,s) - u(x,0)$ et $L\{u_{tt}(x,t)\} = s^2 U(x,s) - su(x,0) - u_t(x,0)$, ainsi de suite pour les autres dérivées. La transformée de la dérivée par rapport à x donne la dérivée en x de la transformée $L\{u_x(x,t)\} = U_x(x,s)$ car $\int_0^\infty \frac{\partial}{\partial x}(u(x,r))e^{-sr} dr = \frac{\partial}{\partial x}\int_0^\infty (u(x,r))e^{-sr} dr = U_x(x,s)$ par la dérivation sous l'intégrale, on a de la même façon $L\{u_{xx}(x,t)\} = U_{xx}(x,s)$. En appliquant donc les T.L. aux E.D.P. à deux variables, x et t on obtient des équations différentielles ordinaires dans la variable x et de paramètre s. Comme dernière remarque quand nous aurons à résoudre des E.D.O. il est souvent utile d'employer les formules qui vont suivre, pour trouver des solutions particulières pour les équations différentielles ordinaires linéaires du premier ordre et les équations différentielles linéaires à coefficients constants. Ces formules s'emploient lorsque la fonction de support $Q(x)$ est d'une forme particulière, elles constituent donc un raccourci pour faciliter la tâche et ne remplacent pas la méthode des coefficients indéterminés ou de variation de paramètres. Soit $F(D)y = Q(x)$ où $F(D) = a_n D^n + a_{n-1} D^{n-1} + a_{n-2} D^{n-2} + \cdots a_0$ une équation différentielle linéaire à coefficients constants a_n. Si $Q(x)$ est de la forme e^{ax} une solution particulière de l'équation est donnée par la **Formule 1** :

$y = \frac{1}{F(D)} e^{ax} = \frac{1}{F(a)} e^{ax}$. Si $Q(x)$ est de la forme $\cos(ax+b)$ ou $\sin(ax+b)$ une solution particulière de l'équation est donnée par la **Formule 2** :

$y = \frac{1}{F(D)} \cos(ax+b) = \frac{1}{F(-a^2)}$ ou $y = \frac{1}{F(D)} \sin(ax+b) = \frac{1}{F(-a^2)} \sin(ax+b)$.

Si $Q(x)$ est de la forme $e^{ax}V(x)$ une solution particulière de l'équation est donnée par **la Formule 3** :

$y = \frac{1}{F(D)} e^{ax} V(x) = e^{ax} \frac{1}{F(D+a)} V(x)$.

Par exemple soit à trouver une solution particulière de $y'' - 3y' + 2 = 0$. Par la **Formule 1** $y'' - 3y' + 2 = e^{-5x} \rightarrow (D^2 - 3D + 2)y = e^{-5x}$ alors $y = \frac{e^{-5x}}{D^2 - 3D + 2} = \frac{e^{-5x}}{(-5)^2 - 3(-5) + 2} = \frac{e^{-5x}}{42}$. Ou bien soit à évaluer l'intégrale $\int e^{-sx} \sin(2x)\, dx$. Pour cette fonction on a :

$y = \frac{1}{D} e^{-sx} \sin(2x)$ donc par la **Formule 3** et **2** $y = e^{-sx} \frac{1}{D-s} \sin(2x)\, dx = e^{-sx} \frac{D+s}{D^2-s^2} \sin(2x) = e^{-sx}(D+s) \frac{1}{D^2-s^2} \sin(2x)$.

$y = -\frac{1}{4^2+s^2} e^{-sx}(2\cos(2x) + s\sin(2x))$

$y = \frac{1}{4^2+s^2} e^{-sx}(-2\cos(2x) - s\sin(2x))$. Donc $y = \int e^{-sx} \sin(2x)\, dx = \frac{1}{4^2+s^2} e^{-sx}(-2\cos(2x) - s\sin(2x))$

Avant de passer à présent a des exemples de résolution des P.D.E à l'aide des transformées de Laplace, donnons l'organigramme conventionnel employé.

Organigramme de résolution par les transformées de Laplace.

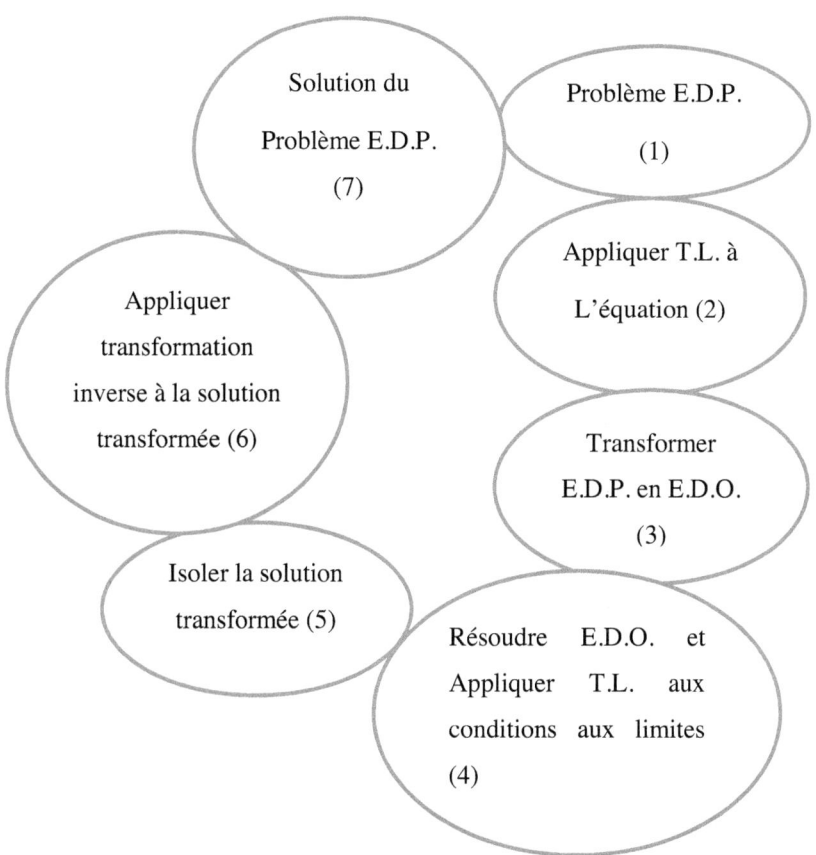

Problème 1. Rappel : Résolution d'une équation différentielle ordinaire par les transformée de Laplace.

L'exemple suivant montre comment trouver une solution par la transformée de Laplace pour une équation différentielle ordinaire. Soit à résoudre le problème de valeur initiale. $4y''+y=g(t), y(0)=3, y'(0)=-7$

Solution : On prend la transformée de Laplace de tous les termes en tenant compte des conditions initiales pour exprimer la transformée des dérivées :Soit $L\{y(t)\} = Y(s)$ donc $4(s^2 Y(s) - 3s + 7) + Y(s) = G(s)$ alors $(4s^2 + 1)Y(s) - 12s + 28 = G(s)$ ce qui entraîne $Y(s) = \frac{12x-28}{4\left(s^2+\frac{1}{4}\right)} + \frac{G(s)}{4\left(s^2+\frac{1}{4}\right)} = \frac{3s}{s^2+\left\{\frac{1}{2}\right\}^2} - 14\frac{\frac{1}{2}}{s^2+\left\{\frac{1}{2}\right\}^2} + \frac{1}{2}G(s)\frac{\frac{1}{2}}{s^2+\left\{\frac{1}{2}\right\}^2}$ alors $y(t) = L^{-1}\{Y(s)\} = 3\cos\left(\frac{t}{2}\right) - 14\sin\left(\frac{t}{2}\right) + \frac{1}{2}\int_0^t \sin\left(\frac{s}{2}\right) g(t-s)\,ds$. On a donc la solution suivant le choix de la fonction g(t). Appliquons à présent ce que nous savons aux E.D.P.

Résolutions des problèmes aux limites avec E.D.P.

Problème 1- Résoudre Par les transformées de Laplace le problème aux limites, donné par l'E.D.P. $\frac{\partial u}{\partial t} = \frac{\partial^2 u}{\partial x^2}$ $t > 0. 0 < x < 2, u(0,t) = 0, u(2,t) = 0, u(x,0) = 3\sin(2\pi x)$. Nous cherchons une solution $u(x,t)$ posons $L\{u(0,t)\} = U(x,s)$. Commençons par appliquer la transformée de Laplace à tous les termes des deux membres de cette équation soit : $L\left\{\frac{\partial u}{\partial t}(x,t)\right\} = L\left\{\frac{\partial^2 u}{\partial x^2}(x,t)\right\}$ or $L\left\{\frac{\partial u}{\partial t}(x,t)\right\} = sU(x,s) - u(x,0)$ et $L\left\{\frac{\partial^2 u}{\partial x^2}(x,t)\right\} = U_{xx}(x,s)$ on obtient ainsi l'équation $U_{xx}(x,s) - sU(x,s) = -3\sin(2\pi x)$. Cette équation étant une équation différentielle ordinaire du second ordre en x, à coefficients constants et de paramètre s la solution de l'équation homogène est $U_h(x,s) = c_1 e^{x\sqrt{s}} + c_2 e^{-x\sqrt{s}}$, car $\pm\sqrt{s}$ *sont* les solutions de l'équation caractéristique associée $m^2 - s$. Comme $Q(x) = -3\sin(2\pi x)$ trouvons rapidement par la **Formule 2** une solution particulière de l'équation $(D^2 - s)U(x,s) = -3\sin(2\pi x) \rightarrow U(x,s) =$ $\frac{1}{(D^2-s)}(-3\sin(2\pi x)) = \frac{-3}{(-4\pi^2-s)}\sin(2\pi x) = \frac{3}{(4\pi^2+s)}$. La solution générale est donc $U(x,s) = c_1 e^{x\sqrt{s}} + c_2 e^{-x\sqrt{s}} + \frac{3}{(4\pi^2+s)}\sin(2\pi x)$. Appliquons maintenant la T.L. $u(0,t) = 0, u(2,t) = 0$ $L\{u(0,t)\} = U(0,s) = L\{0\} = 0$. On obtient alors 1) $U(0,s) = c_1 + c_2 = 0$ et de façon identique on a $L\{u(2,t)\} = U(2,s) = L\{0\} = 0$ d'où 2) $U(2,s) = c_1 e^{2\sqrt{s}} + c_2 e^{-2\sqrt{s}} = 0$ De ces deux équations nous obtenons $c_1 e^{2\sqrt{s}} - c_1 e^{-2\sqrt{s}} = 0 \rightarrow c_1 e^{2\sqrt{s}}(1 - e^{-4\sqrt{s}}) = 0$, comme $s > 0$, ceci entraîne que $c_1 = c_2 = 0$. La solution de l'équation transformée est donc $U(x,s) = \frac{3}{(4\pi^2+s)}\sin(2\pi x)$. On revient à la solution de l'E.D.P. du problème aux conditions limites en prenant la transformée inverse de Laplace de $U(x,s)$ $L^{-1}\{U(x,s)\}$.

$u(x,t) = L^{-1}\{U(x,s)\} = 3\sin(2\pi x)L^{-1}\left\{\frac{1}{4\pi^2+s}\right\} = 3e^{-4\pi^2 t}\sin(2\pi x)$

Problème 2- Résoudre par les transformées de Laplace le problème aux limites, donné par l'E.D.P. $\frac{\partial u}{\partial x} + \frac{\partial u}{\partial t} = x \ \ t > 0, x > 0, u(0,t) = 0, u(x,0) = 0$. Nous cherchons une solution $u(x,t)$ posons $L\{u(x,t)\} = U(x,s)$. En appliquant la T.L. à tous les termes de l'équation: $L\left\{\frac{\partial u}{\partial x}(x,t)\right\} + L\left\{\frac{\partial u}{\partial t}(x,t)\right\} = \frac{x}{s}$ or $L\left\{\frac{\partial u}{\partial t}(x,t)\right\} = sU(x,s) - u(x,0)$ et $L\left\{\frac{\partial u}{\partial x}(x,t)\right\} = U_x(x,s)$ on obtient ainsi l'équation $U_x(x,s) + sU(x,s) = \frac{x}{s}$. Cette équation est une équation différentielle linéaire du premier ordre qui a pour facteur intégrant $e^{\int s dx} = e^{sx}$ donc : $\frac{\partial}{\partial x}(e^{sx}U(x,s)) = \frac{x}{s}e^{sx} \rightarrow e^{sx}U(x,s) = \frac{1}{s}\int x e^{sx} + c(s)$. En intégrant par partie on a $e^{sx}U(x,s) = \frac{1}{s}\left[\frac{x}{s}e^{sx} - \frac{1}{s}\int e^{sx}dx\right] + c(s) = \frac{x}{s^2}e^{sx} - \frac{e^{sx}}{s^3} + c(s)$. D'où on a $U(x,s) = \frac{x}{s^2} - \frac{1}{s^3} + c(s)e^{-sx}$. En appliquant la T.L. à la condition $u(0,t) = 0$ on a $L\{u(0,t)\} = L\{0\} = U(0,s)$ d'où $c(s) = \frac{1}{s^3}$. Ce qui signifie que la solution transformée est $U(x,s) = \frac{x}{s^2} - \frac{1}{s^3} + \frac{1}{s^3}e^{-sx}$ donc $u(x,t) = xL^{-1}\left\{\frac{1}{s^2}\right\} - L^{-1}\left\{\frac{1}{s^3}\right\} + L^{-1}\left\{\frac{1}{s^3}e^{-sx}\right\}$ d'où $u(x,t) = xt - \frac{t^2}{2} + H_x(t)\frac{(t-x)^2}{2}$.

Problème 3- Résoudre Par les transformées de Laplace le problème aux limites, donné par l'E.D.P. $u_t - u_{xx} = 0 \ t > 0, x > 0, u(0,t) = 1, u(x, 0) = 0 \ |u(x,t)| < \infty \ \forall x > 0 \ t > 0.$

Comme pour les problèmes précédents posons $L\{u(x,t)\} = U(x,s)$ et prenant la T.L. des termes de l'équation en tenant compte des expressions des transformées des dérivées on obtient : $sU(x,s) - u(x,0) - U_{xx} = 0 \rightarrow U_{xx} - sU(x,s) = 0.$ Comme nous savons l'équation différentielle linéaire du second ordre homogène et à coefficients constants obtenue par la transformation a pour solution $U(x,s) = c_1 e^{x\sqrt{s}} + c_2 e^{-x\sqrt{s}}$. Si $|u(x,t)| < \infty$ alors $u(x,t)$ est bornée. S'il existe M>0, tel que $|u(x,t)| < M$ cela entraîne que $U(x,s)$ est aussi bornée parce que $U(x,s) = \int_0^\infty e^{-st} u(x,t) \, dt \le M \left| \int_0^\infty e^{-st} dt \right| \le M \cdot \frac{1}{s}$ car $s > 0$. Par le fait que la solution transformée est aussi bornée on doit avoir $c_1 = 0$. Donc $U(x,s) = c_2 e^{-x\sqrt{s}}$.

$L\{u(0,t)\} = L\{1\} = \frac{1}{s} = U(0,s)$ et donc $c_2 e^{-0\sqrt{s}} = \frac{1}{s} \rightarrow c_2 = \frac{1}{s}$ la solution transformée est $U(x,s) = \frac{1}{s} e^{-x\sqrt{s}}$ $u(x,t)$ sera donnée en appliquant la transformée inverse de Laplace à $U(x,s)$, $u(x,t) = L^{-1} \left\{ \frac{1}{s} e^{-x\sqrt{s}} \right\}$. En se référant à la table des transformées de Laplace supplémentaires

$$u(x,t) = erfc\left(\frac{x}{2\sqrt{t}}\right) = \frac{2}{\sqrt{\pi}} \int_{\frac{x}{2\sqrt{t}}}^\infty e^{-u^2} du.$$

Problème 4- Résoudre Par les transformées de Laplace le problème aux limites, donné par l'E.D.P. $\frac{\partial u}{\partial x} + x \frac{\partial u}{\partial t} = x$, $u(0,t) = 1, u(x,0) = 1.$

Posons $L\{u(x,t)\} = U(x,s)$, et prenant la T.L. des termes de l'équation en tenant compte des expressions des transformées de des dérivées on obtient :

$$U_x(x,s) + x[sU(x,s) - u(x,0)] = \frac{x}{s} \rightarrow U_x(x,s) + xsU(x,s) = \frac{x}{s} + x.$$

C'est une équation différentielle linéaire du premier ordre ayant pour facteur intégrant $e^{\int sx dx} = e^{s\frac{x^2}{2}}$ donc $e^{s\frac{x^2}{2}}U(x,s) = \int \left(\frac{x}{s}+x\right)e^{s\frac{x^2}{2}}dx + c(s)$. Ce qui donne après intégration $e^{s\frac{x^2}{2}}U(x,s) = \frac{1}{s}e^{s\frac{x^2}{2}} + \frac{1}{s^2}e^{s\frac{x^2}{2}} + c(s) \to U(x,s) = \frac{1}{s} + \frac{1}{s^2} + c(s)e^{-s\frac{x^2}{2}}$.

En appliquant la transformée de Laplace à $u(0,t)$, $L\{u(0,t)\} = U(0,s) = \frac{1}{s}$.

Donc $\frac{1}{s} + \frac{1}{s^2} + c(s) = \frac{1}{s} \to c(s) = -\frac{1}{s^2}$. D'où, $U(x,s) = \frac{1}{s} + \frac{1}{s^2} - \frac{1}{s^2}e^{-s\frac{x^2}{2}}$

$u(x,t) = L^{-1}\left\{\frac{1}{s}\right\} + L^{-1}\left\{\frac{1}{s^2}\right\} - L^{-1}\left\{\frac{1}{s^2}e^{-s\frac{x^2}{2}}\right\} = 1 + t - H_{\frac{x^2}{2}}(t)(t - \frac{x^2}{2})$

La solution du problème est donnée par $u(x,t) = 1 + t + H_{\frac{x^2}{2}}(t)(\frac{x^2}{2} - t)$.

Problème 5- Résoudre Par les transformées de Laplace le problème aux limites, donné par l'E.D.P. $\frac{\partial u}{\partial x} + \frac{\partial u}{\partial t} = -u$, $u(0,t) = 0, u(x,0) = \sin(x)$.

Posons $L\{u(x,t)\} = U(x,s)$ et prenant la T.L. des termes de l'équation en tenant compte des expressions des transformées des dérivées on obtient :

$U_x(x,s) + sU(x,s) - u(x,0) = -U(x,s) \to U_x(x,s) + (s+1)U(x,s) = \sin(x)$

C'est une équation différentielle linéaire du premier ordre ayant pour facteur intégrant : $e^{(s+1)x}$ alors $U(x,s)e^{(s+1)x} = \int \sin x e^{(s+1)x} dx + c(s)$

Si $y = \int \sin x e^{(s+1)x} dx$ alors $Dy = \sin x e^{(s+1)x} \to y = \frac{\sin x e^{(s+1)x}}{D} = e^{(s+1)x}\frac{1}{D+(s+1)}(\sin(x))$ (**Formule 3**) et par la **Formule 2** nous avons :

$y = e^{(s+1)x}\frac{D-(s+1)}{D^2-(s+1)^2}\sin(x) = e^{(s+1)x}(D-(s+1))\frac{1}{D^2-(s+1)^2}\sin(x) = \frac{1}{-1^2-(s^2+2s+1)}e^{(s+1)x}(\cos(x) - (s+1)\sin(x)) = \frac{1}{(s^2+2s+2)}e^{(s+1)x}((s+1)\sin(x) - \cos(x)) + c(s)$. L'équation du début est donc équivalente à

$U(x,s) = \frac{1}{(s^2+2s+2)}\left((s+1)\sin(x) - \cos(x)\right) + c(s)e^{-(s+1)x}$.

Appliquons la T.L. à $u(0,t) = 0$ on a $L\{u(0,t)\} = U(0,s) = L\{0\} = 0$ d'où on a $\frac{1}{(s^2+2s+2)} = c(s)$, la solution transformée est alors :

$$U(x,s) = \frac{1}{(s^2+2s+2)}\left((s+1)\sin(x) - \cos(x)\right) + \frac{1}{(s^2+2s+2)}e^{-(s+1)x}$$

$u(x,t) = L^{-1}\{U(x,s)\} = \sin(x) L^{-1}\left\{\frac{s+1}{(s+1)^2+1}\right\} - \cos(x) L^{-1}\left\{\frac{1}{(s+1)^2+1}\right\} + L^{-1}\left\{\frac{1}{(s+1)^2+1}e^{-(s+1)x}\right\}$

$u(x,t) = e^{-t}\sin(x)\cos(t) - e^{-t}\cos(x)\sin(t) + e^{-x}H_x(t)e^{-(t-x)}\sin(t-x)$

La solution de ce problème est donnée par l'expression équivalente :

$u(x,t) = e^{-t}(\sin(x-t) - H_x(t)\sin(x-t))$

Problème 6- Résoudre Par les transformées de Laplace le problème aux limites, donné par l'E.D.P.

$u_{tt} - c^2 u_{xx} = 0 \; t > 0, x > 0, u(0,t) = \sin(x), u(x,0) = u_t(x,0) = 0$ et $|u(x,t)| < \infty$.

Posons $L\{u(x,t)\} = U(x,s)$, et prenant la T.L. des termes de l'équation en tenant compte des expressions des transformées des dérivées on obtient :

$s^2 U(x,s) - su(x,0) - u_t(x,0) - c^2 U_{xx} = 0$ et $s^2 U(x,s) - c^2 U_{xx} = 0$. La solution de cette équation différentielle du second ordre linéaire et homogène est $U(x,s) = c_1 e^{\frac{s}{c}x} + c_2 e^{-\frac{s}{c}x}$ or $U(x,s)$ est bornée car $u(x,t)$ est bornée donc $c_1 = 0$ et $U(x,s) = c_2 e^{-\frac{s}{c}x}$. Comme $L\{u(0,t)\} = U(0,s)$ donc $\frac{1}{s^2+1} = c_2$, ce qui entraîne que la solution $U(x,s) = \frac{1}{s^2+1}e^{-\frac{s}{c}x}$. La solution cherchée est donc :

$L^{-1}\{U(x,s)\} = L^{-1}\left\{\frac{1}{s^2+1}e^{-\frac{s}{c}x}\right\} = H_{\left(\frac{x}{c}\right)}(t)\sin(t - \frac{x}{c})$.

Problème 7- Résoudre Par les transformées de Laplace le problème aux limites, donné par l'E.D.P.

$u_t - 3u_{xx} = 0, 0 < x < 2, t > 0, u(0,t) = 0, u(2,t) = 0, u(x,0) = 5\sin(\pi x)$.

Posons $L\{u(x,t)\} = U(x,s)$, et prenant la T.L. des termes de l'équation, en tenant compte des expressions des transformées des dérivées on obtient :

$sU(x,s) - u(x,0) - 3U_{xx}(x,s) = 0$ et $3U_{xx}(x,s) - sU(x,s) = -5\sin(\pi x)$.

La solution de l'équation homogène associée $3U_{xx}(x,s) - sU(x,s) = 0$ est

$U(x,s) = c_1 e^{x\sqrt{\frac{s}{3}}} + c_2 e^{-x\sqrt{\frac{s}{3}}}$. Aussi comme $Q(x) = -5\sin(\pi x)$ une solution particulière $y(x,s)$ est obtenue en appliquant la Formule 2 :

$(3D^2 - s)y = -5\sin(\pi x)$. $y = \frac{-5\sin(\pi x)}{(3D^2 - s)} = \frac{5}{3\pi^2 + s}\sin(\pi x)$. La solution complète est alors :

$U(x,s) = c_1 e^{x\sqrt{\frac{s}{3}}} + c_2 e^{-x\sqrt{\frac{s}{3}}} + \frac{5}{3\pi^2+s}\sin(\pi x)$. Les conditions : $u(0,t) = 0, u(2,t) = 0$, donnent respectivement les équations $L\{u(0,t)\} = 0 = U(0,s) \to c_1 + c_2 = 0$ $L\{u(2,t)\} = 0 = U(2,s) \to c_1 e^{2\sqrt{\frac{s}{3}}} + c_2 e^{-2\sqrt{\frac{s}{3}}} 0$ et $s > 0$ la solution de ce système d'équations est : $c_1 = c_2 = 0$. Donc $U(x,s) = \frac{5}{3\pi^2+s}\sin(\pi x)$ est la solution complète de l'équation transformée et alors :

$u(x,t) = 5\sin(\pi x) L^{-1}\left\{\frac{1}{3\pi^2+s}\right\} = 5\sin(\pi x) e^{-3\pi^2 t}$. C'est la solution du problème

Problème 8- Résoudre Par les transformées de Laplace le problème aux limites, donné par l' E.D.P.

$u_{tt} - c^2 u_{xx} = 0, u(x,0) = u_t(x,0) = 0$ et $u(0,t) = f(t)$ avec $[u(x,t)] \leq M \forall x > 0, t > 0$.

Posons $L\{u(x,t)\} = U(x,s)$, et prenant la T.L. des termes de l'équation, en tenant compte des expressions des transformées des dérivées on obtient :

$s^2 U(x,s) - su(x,0) - u_t(x,0) - c^2 U_{xx}(x,s) = 0$ et $c^2 U_{xx}(x,s) - s^2 U(x,s) = 0$.

Cette équation différentielle linéaire et homogène à coefficients constants du second ordre a pour solution $U(x,s) = c_1 e^{\frac{s}{c}x} + c_2 e^{-\frac{s}{c}x}$, $u(x,t)$ étant une fonction bornée donc $U(x,s)$ l'est aussi et $c_1 = 0 \rightarrow U(x,s) = c_2 e^{-\frac{s}{c}x}$. La condition $u(0,t) = f(t)$ donne en appliquant la T.L. $L\{u(0,t)\} = L\{f(t)\} = F(s) = U(0,s)$. On déduit donc que $c_2 = F(s)$ et donc $U(x,s) = e^{-\frac{s}{c}x}F(s)$ et par la transformée inverse de Laplace la solution de ce problème est $u(x,t) = L^{-1}\left\{e^{-\frac{s}{c}x}F(s)\right\} = H_{\left(\frac{x}{c}\right)}(t)f\left(t - \frac{x}{c}\right)$

Exercices de fin de chapitre.

Résoudre par les transformées de la place les E.D.P. suivants. Montrer les détails de votre démarche.

1- $u_{tt} - c^2 u_{xx} = 0 \ u(x,0) = u_t(x,0) = 0, u(0,t) = \sin(x) \ et \ |u(x,t)| < \infty$.

2- $u_{tt} - 9u_{xx} = 0 \ u(0,t) = u(\pi,t) = 0, u(x,0) = 2\sin(x), \ u_t(x,0) = 0, 0 \leq x \leq \pi, \ t > 0$.

3- $u_t - u_x = u \ x > 0, t > 0, u(x,0) = e^{-5x} \ et \ |u(x,t)| < \infty$

4- $u_t - u_{xx} = 0, \ 0 \leq x \leq \pi, u_x(0,t) = u(\pi,t) = 0, u(x,0) = 40\cos\left(\frac{\pi}{2}\right)$.

5- $u_{tt} - 4u_{xx} = 0 \ u(0,t) = u(2,t) = 0, u_t(x,0) = 0, u(x,0) = 3\sin(\pi x)$ et $0 \leq x \leq 2 \ et \ t > 0$.

Corrigés des exercices de fin de chapitre.

1- $u_{tt} - c^2 u_{xx} = 0$ $u(x,0) = u_t(x,0) = 0, u(0,t) = \sin(x)$ et $|u(x,t)| < \infty$.

En appliquant la T.L. à l'équation on a :

$s^2 U(x,s) - s u(x,0) - u_t(x,0) - c^2 U_{xx}(x,s) = 0 \to c^2 U_{xx}(x,s) - s^2 U(x,s) = 0$

$U(x,s) = c_1 e^{\frac{s}{c}x} + c_2 e^{-\frac{s}{c}x}$ est la solution de cette équation différentielle homogène d'ordre deux à coefficients constants. Comme $u(x,t)$ est bornée $U(x,s)$ l'est aussi et on a alors :

$c_1 = 0 \to U(x,s) = c_2 e^{-\frac{s}{c}x}$ $U(0,s) = L\{u(0,t)\} = \frac{1}{s^2+1} = c_2 \cdot 1$ donc la solution de l'équation transformée est $U(x,s) = \frac{1}{s^2+1} e^{-\frac{s}{c}x}$ d'où :

$u(x,t) = L^{-1}\left\{\frac{1}{s^2+1} e^{-\frac{s}{c}x}\right\}$. $u(x,t) = H_{\left(\frac{x}{c}\right)}(t) \sin\left(t - \frac{x}{c}\right)$.

2- $u_{tt} - 9u_{xx} = 0$ $u(0,t) = u(\pi,t) = 0, u(x,0) = 2\sin(x)$, $u_t(x,0) = 0$, $0 \leq x \leq \pi, t > 0$

En appliquant la T.L. à l'équation on a :

$s^2 U(x,s) - s u(x,0) - u_t(x,0) - 9 U_{xx}(x,s) = 0 \to 9 U_{xx}(x,s) - s^2 U(x,s) = -2s\sin(x)$

$U(x,s) = c_1 e^{\frac{s}{3}x} + c_2 e^{-\frac{s}{3}x}$, est la solution de l'équation différentielle homogène d'ordre deux associée à cette équation linéaire à coefficients constants. Une solution particulière est $y(x,s) = -2s \frac{1}{9D^2 - s^2} \sin(x) = \frac{2s}{9+s^2} \sin(x)$ (Formule 2)

La solution générale est donc $U(x,s) = c_1 e^{\frac{s}{3}x} + c_2 e^{-\frac{s}{3}x} + \frac{2s}{9+s^2} \sin(x)$.

Les conditions $u(0,t) = u(\pi,t) = 0$ donnent après application de la T.L. $U(0,s) = U(\pi,s) = L\{0\} = 0$ donc on obtient alors :

$c_1 + c_2 = 0$ et $c_1 e^{\frac{s}{3}\pi} + c_2 e^{-\frac{s}{3}\pi} = 0$ Ce système a pour solutions $c_1 = c_2 = 0$

On a donc la solution transformée : $U(x,s) = \frac{2s}{9+s^2} \sin(x)$ et on déduit que

$u(x,t) = L^{-1}\left\{\frac{2s}{9+s^2}\sin(x)\right\} = 2\sin(x)\cos(3t)$.

3- $u_t - u_x = u$ $x > 0, t > 0, u(x,0) = e^{-5x}$ et $|u(x,t)| < \infty$

En appliquant la T.L. à l'équation on a :

$sU(x,s) - u(x,0) - U_x(x,s) = U(x,s) \rightarrow U_x(x,s) - (s-1)U(x,s) = -e^{-5x}$.

Cette E.D.O. linéaire d'ordre un a pour facteur intégrant $e^{-(s-1)x}$ on obtient

$e^{-(s-1)x}U(x,s) = -\int e^{-(s+4)x}\,dx + c(s) = \frac{1}{s+4}e^{-(s+4)x} + c(s)$ et alors

$U(x,s) = \frac{1}{s+4}e^{-5x} + c(s)e^{(s-1)x}$. Si $u(x,t)$ est bornée alors $U(x,s)$ l'est aussi

et nécessairement on a $(s) = 0$. La solution de l'équation transformée et donc

$U(x,s) = \frac{1}{s+4}e^{-5x} \rightarrow u(x,t) = L^{-1}\left\{\frac{1}{s+4}e^{-5x}\right\}$, d'où on a

$u(x,t) = e^{-5x}e^{-4t}$.

4- $u_t - u_{xx} = 0$, $0 \leq x \leq \pi, u_x(0,t) = u(\pi,t) = 0$ $u(x,0) = 40\cos\left(\frac{\pi}{2}\right)$.

En appliquant la T.L. à l'équation on a :

$sU(x,s) - u(x,0) - 4U_{xx}(x,s) = 0 \rightarrow 4U_{xx}(x,s) - sU(x,s) = -40\cos\left(\frac{x}{2}\right)$.

L'équation homogène correspondant à cette E.D.O linéaire du second ordre à coefficients constants est $U(x,s) = c_1 e^{\frac{\sqrt{s}}{2}x} + c_2 e^{-\frac{\sqrt{s}}{2}x}$, une solution particulière est aussi donnée par :

$y(x,s) = -40\frac{1}{4D^2-s}\left(\cos\left(\frac{x}{2}\right)\right) = 40\frac{1}{4\left(\frac{1}{4}\right)+s}\cos\left(\frac{x}{2}\right) = \frac{40}{1+s}\cos\left(\frac{x}{2}\right)$. (Formule 2)

La solution générale de l'équation transformée est :

$U(x,s) = c_1 e^{\frac{\sqrt{s}}{2}x} + c_2 e^{-\frac{\sqrt{s}}{2}x} + \frac{40}{1+s}\cos\left(\frac{x}{2}\right)$. En appliquant la T.L. aux conditions

$u(\pi,t) = 0$ Cela nous donne $U(\pi,s) = 0 = c_1 e^{\frac{\sqrt{s}}{2}\pi} + c_2 e^{-\frac{\sqrt{s}}{2}\pi} = 0$ et

$u_x(0,t) = 0$ donne $c_1 \frac{\sqrt{s}}{2} - c_2 \frac{\sqrt{s}}{2} = 0$ ou $c_1 - c_2 = 0$. Le système de deux équations que nous obtenons admet les solutions $c_1 = c_2 = 0$. $U(x,s) = \frac{40}{1+s} \cos\left(\frac{x}{2}\right)$, est la solution pour l'équation transformée donc :

$$u(x,t) = 40 \cos\left(\frac{x}{2}\right) L^{-1}\left\{\frac{1}{s+1}\right\} = 40 \, e^{-t} \cos\left(\frac{x}{2}\right), \text{ est la solution de ce problème.}$$

5- $u_{tt} - 4u_{xx} = 0$ $u(0,t) = u(2,t) = 0, u_t(x,0) = 0, u(x,0) = 3\sin(\pi x)$ et $0 < x < 2$ et $t > 0$.

En appliquant la T.L. à l'équation on a : $s^2 U(x,s) - s\, u(x,0) - u_t(x,0) - 4U_{xx}(x,s) = 0 \to 4U_{xx}(x,s) - s^2 U(x,s) = -3s \sin \pi x$

$U(x,s) = c_1 e^{\frac{s}{2}x} + c_2 e^{-\frac{s}{2}x}$, est la solution de l'équation différentielle homogène d'ordre deux associée à cette équation linéaire à coefficients constants. Une solution particulière est donnée par la formule 2.

$y(x,s) = -3s \frac{1}{4D^2 - s^2} \sin(\pi x) = \frac{3s}{4\pi^2 + s^2} \sin(\pi x)$. La solution générale est donc $U(x,s) = c_1 e^{\frac{s}{2}x} + c_2 e^{-\frac{s}{2}x} + \frac{3s}{4\pi^2 + s^2} \sin(\pi x)$. La condition $u(0,t) = 0$ donne lorsqu'on applique la T.L. $U(0,s) = 0 \to c_1 + c_2 = 0$ et $u(2,t) = 0$ a pour transformée $U(2,s) = 0 \to c_1 e^s + c_2 e^{-s} = 0$. Ce système de deux équations possède les solutions triviales $c_1 = c_2 = 0$ et la solution pour l'équation transformée est donnée par $U(x,s) = \frac{3s}{4\pi^2 + s^2} \sin(\pi x)$, alors :

$u(x,t) = 3 \sin(\pi x) L^{-1}\left\{\frac{s}{4\pi^2 + s^2}\right\}$. D'où $u(x,t) = 3 \sin(\pi x) \cos(2\pi t)$.

i want morebooks!

Oui, je veux morebooks!

Buy your books fast and straightforward online - at one of world's fastest growing online book stores! Environmentally sound due to Print-on-Demand technologies.

Buy your books online at
www.get-morebooks.com

Achetez vos livres en ligne, vite et bien, sur l'une des librairies en ligne les plus performantes au monde!
En protégeant nos ressources et notre environnement grâce à l'impression à la demande.

La librairie en ligne pour acheter plus vite
www.morebooks.fr

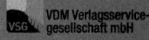 VDM Verlagsservicegesellschaft mbH
Heinrich-Böcking-Str. 6-8   Telefon: +49 681 3720 174   info@vdm-vsg.de
D - 66121 Saarbrücken   Telefax: +49 681 3720 1749   www.vdm-vsg.de

Printed by Books on Demand GmbH, Norderstedt / Germany